VERSTÄNDLICHE WISSENSCHAFT

EINUNDNEUNZIGSTER BAND

BERLIN · HEIDELBERG · NEW YORK

SPRINGER-VERLAG

DER MENSCHLICHE KÖRPER

DR. CURT ELZE

EM. PROFESSOR DER ANATOMIE

MIT 91 ABBILDUNGEN

BERLIN · HEIDELBERG · NEW YORK

SPRINGER-VERLAG

Herausgeber der Naturwissenschaftlichen Abteilung:
Prof. Dr. Karl v. Frisch, München

ISBN 978-3-642-86150-5 ISBN 978-3-642-86149-9 (eBook)
DOI 10.1007/978-3-642-86149-9

Softcover reprint of the hardcover 1st edition 1966
Library of Congress Catalog Card Number 66–30063

Titel-Nr. 7224

Vorwort

Alles lebendige Geschehen ist an Form gebunden, an Strukturen, deren feinste wir selbst mit dem Elektronenmikroskop nicht erkennen können, und deren gröbste uns als der Körper und seine Organe vor Augen treten. Diese bilden den Gegenstand der folgenden Ausführungen. Ihre Form läßt sich beschreiben, weil sie bei aller individuellen Verschiedenheit unveränderlich zu sein scheint. In Wirklichkeit unterliegen die Organe einem ununterbrochenen Wandel, die Zellen und Fasern, aus denen sie aufgebaut sind, kommen und vergehen, und selbst die Elemente in den Molekülen ihrer chemischen Bausteine, der Sauerstoff, Kohlenstoff, Schwefel, Phosphor usw., werden ständig ausgetauscht. Diese Voraussetzungen des Lebendigseins stehen hier nicht zur Erörterung, aber sie bilden den Hintergrund für die Darstellung, deren Absicht es ist, eine Anschauung von dem kunstvollen Bau des lebendigen Menschen zu vermitteln.

Für die Abbildungen haben drei Werke die Vorlagen geliefert, der Anatomische Atlas von Toldt-Hochstetter, der Handatlas der Anatomie des Menschen von Spalteholz und die Anatomie des Menschen von Braus-Elze, doch sind alle Bilder für den hier vorliegenden Zweck überarbeitet und verändert worden. Ein Teil der Abbildungen ist aus wissenschaftlichen Arbeiten entnommen, bei ihnen ist deren Verfasser genannt. Die Abb. 19 und 21 hat mir Herr Professor Friedrich Pauwels in Aachen aus seiner Schatzkammer zur Verfügung gestellt, wofür ihm bestens gedankt sei.

Zu danken habe ich auch der wissenschaftlichen Zeichnerin Fräulein Irmgard Daxwanger für ihre verständnisvolle Mitarbeit und Herrn Privatdozent Dr. Walter Schmidt vom Anatomischen Institut München für mancherlei freundliche Hilfeleistung.

Diese Arbeit widme ich in alter Freundschaft Herrn Professor Karl v. Frisch zum 80. Geburtstag.

München, im Herbst 1966 — CURT ELZE

Inhaltsverzeichnis

Inhaltsverzeichnis

Vom Blut und Blutkreislauf

Wenn man sich in den Finger schneidet, blutet es. Nach einiger Zeit hört es auf, man klebt einen Streifen Hansaplast darüber, und der Fall ist erledigt. Aber wieso blutet es eigentlich, was heißt: „es" blutet, wer oder was ist dieses „es", und was ist überhaupt Blut? — Fangen wir mit der Frage an, was ist Blut? Warum es blutet, steht im nächsten Kapitel.

Vom Blut und von den Blutkörperchen

Unnötig zu sagen, daß das Blut rot ist und tropft. Rot ist es von den mikroskopisch kleinen *roten Blutkörperchen*, den *Erythrozyten*, die in der Blutflüssigkeit schwimmen. Sie sind die Behältnisse für eine Lösung des Blutfarbstoffes, des *Hämoglobins*, das der Überträger des lebensnotwendigen Sauerstoffes ist. Das sauerstoffreiche Blut in den Pulsadern ist hellrot, das sauerstoffarme, wenn es aus den Organen zurückkommt, dunkelrot. So sieht es auch aus, wenn es aus der Wunde quillt. Die roten Blutkörperchen sind kreisrunde Scheiben und haben einen Durchmesser von 0,007 Millimeter und eine Dicke von 0,0015 Millimeter (Abb. 1). Dank ihrer Biegsamkeit können sie auch andere Formen annehmen. Sie sind aus Zellen hervorgegangen, die ihren Kern verloren haben. Ihre Zahl ist ungeheuer groß, 5 Millionen in 1 Kubikmillimeter Blut. Die Gesamtmenge des Blutes ist bei einem Körpergewicht von etwa 70 Kilogramm ungefähr 5 Liter = 5000000 Kubikmillimeter. Das ergibt für die roten Blutkörperchen die nicht mehr vorstellbare Zahl von 25 Billionen

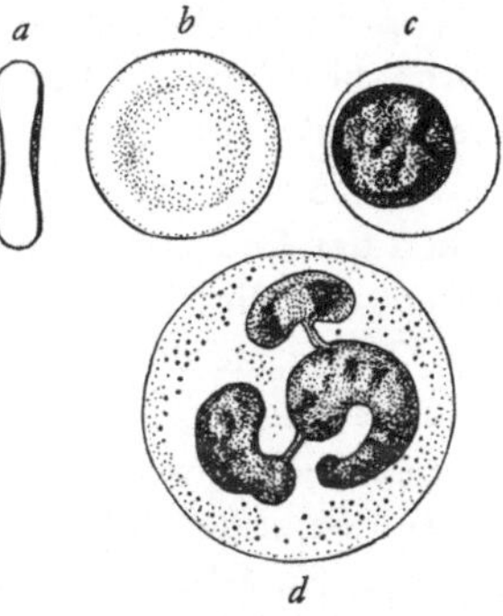

Abb. 1. Blutkörperchen. *a* u. *b* Erythrozyt von der Kante und der Fläche, *c* Lymphozyt, *d* Granulozyt. Vergrößerung 1500fach

(25 000 000 000 000). In eine Reihe aneinandergelegt würden sie einen Faden von 200 000 Kilometer Länge bilden, den man fünfmal um den Äquator schlingen könnte. Die Gesamtoberfläche aller roten Blutkörperchen zusammen ist ungefähr 2000mal so groß wie die Körperoberfläche, beim Manne etwa 3800 Quadratmeter, das entspricht einem Rechteck von 100 Meter Länge und 38 Meter Breite.

Außer den roten Blutkörperchen sind im Blut die *weißen Blutkörperchen*, die *Leukozyten*, enthalten. Davon gibt es mehrere Formen, die häufigsten und wichtigsten sind die Lymphozyten und die Granulozyten (Abb. 1). Alle sind farblose Kugeln. Die Lymphozyten haben einen etwas kleineren Durchmesser als die Erythrozyten, die Granulozyten sind erheblich größer. Die *Granulozyten* tragen ihren Namen davon, daß sie in ihrem Körper zahlreiche feine Körnchen, Granula, enthalten, die *Lymphozyten* von ihrem Vorkommen in den Lymphgefäßen, in denen die anderen Blutkörperchen fehlen. Alle weißen Blutkörperchen sind echte Zellen, haben einen Zellkern, der bei den Granulozyten eigenartig gelappt ist. Sie können sich fortbewegen wie die Amöben, können durch die Wand der Blutgefäße hindurchtreten und außerhalb der Gefäße weiterwandern, während die roten Blutkörperchen unbeweglich sind und an die Blutgefäße gebunden bleiben. Die Aufgaben der Leukozyten liegen außerhalb der Blutbahn in den Organen, das Blut ist für sie nur Transportmittel, mit dem sie sich im Körper herumtreiben lassen, um einzugreifen, wo sie gebraucht werden, z. B. bei einer Entzündung. Was die Lymphozyten zu leisten vermögen, ist nicht völlig geklärt, Ansammlungen von ihnen finden sich überall im Körper, wo etwas nicht stimmt, oder wo für erhöhte Bildung neuer Körperzellen die spezifischen Kerneiweißstoffe gebraucht werden, deren Übermittler die Lymphozyten sind, da sie fast nur aus dem Zellkern bestehen. Die Granulozyten können sich Fremdkörper einverleiben, z. B. die Überbleibsel der Zellen, die überall und jederzeit absterben. Sie besorgen die Müllabfuhr im Körper. Ist eine Wunde mit Bakterien infiziert, sind alsbald Granulozyten zur Stelle, nehmen Gewebstrümmer und Bakterien in ihren Plasmaleib auf und machen sie durch Fermente unschädlich. Der Eiter besteht im wesentlichen aus solchen Granulozyten, er ist das äußere Zeichen des Kampfes zwischen ihnen und den Infektionserregern.

Die Zahl der Leukozyten im strömenden Blute ist sehr viel geringer als die der Erythrozyten, im ganzen etwa 7000 im Kubikmillimeter, in 5 Litern Blut 35 Milliarden (35000000000). Die Zahl ist zu verschiedenen Tageszeiten verschieden, sie besagt auch nichts über die Gesamtzahl im ganzen Körper, darüber lassen sich keine Angaben machen, beide Arten von Leukocyten wandern ja überall in den Organen umher, wer wollte sie dort mit dem Mikroskop zählen? Lymphozyten sind außerdem in ungeheurer Menge in den lymphatischen Organen vorhanden, in denen sie gebildet und auf Abruf bereitgehalten werden.

Die Lebensdauer des einzelnen Erythrozyten beträgt 4 Monate, 110—120 Tage, das hat man mit verschiedenen Methoden genau feststellen können. Daraus ergibt sich, daß an jedem einzelnen Tage ungefähr $^1/_{100}$ von ihnen zugrunde geht, das sind 250 Milliarden (250000000000), eine bestürzende und aufregende Zahl, wenn man bedenkt, daß diese Riesenmenge nun auch täglich wieder ersetzt werden muß. Wie und wo kann das geschehen? Das besorgt in aller Stille das rote Knochenmark, das in den schwammartig gebauten Knochen wie den Wirbeln (Abb. 21), in den Rippen, im Brustbein und in den Enden der langen Knochen (Abb. 20) enthalten ist (in deren Röhren ist nur gelbes Fettmark). Würde man das blutbildende rote Knochenmark aus den Knochenkämmerchen herauslösen und zusammenlegen, bekäme man einen Haufen von fast 3 Pfund Gewicht, fast so groß wie die Leber, die ungefähr 1600 Gramm wiegt, also ein recht großes Organ, das aber in vielen kleinen Stücken über das ganze Knochengerüst verteilt ist. — Im roten Knochenmark werden auch die Granulozyten gebildet, täglich etwa 40 Milliarden außer den 250 Milliarden Erythrozyten. Nach Blutverlusten sind die Zahlen noch erheblich höher. Man möchte es dem harten Knochen gar nicht zutrauen, daß es in seinem Innern so lebhaft zugeht.

Man kann vom Blut mikroskopische Präparate machen und in ihnen die Blutkörperchen mit besonderen Farbstoffen künstlich färben. Die verschiedenen Formen lassen sich dann leicht erkennen und ihr Zahlenverhältnis feststellen. Auf besondere Weise kann man auch den Gehalt an Hämoglobin bestimmen und manches andere. Alles zusammen ergibt das zur Beurteilung vieler Krankheiten nötige „Blutbild“.

Das Blut ist nicht so flüssig wie Wasser, sondern ist dicker, klebrig. Es schmeckt fad und deutlich etwas süß. Enthält es etwa Zucker? Allerdings, und zwar etwa 1 %. Fast ebenso hoch ist sein Kochsalzgehalt. Dieser Gehalt, dieser Zucker- und Kochsalz-„spiegel", wird sehr genau eingehalten, ein Zuwenig weckt Verlangen nach Zucker bzw. Kochsalz, ein Zuviel wird durch die Nieren ausgeschieden. Außerdem sind im Blut noch zahlreiche andere Stoffe gelöst: Calcium, Kalium, Natrium, Phosphor, Schwefel, Fett, Vitamine, Hormone, Fermente, Immunstoffe, vor allem aber Eiweißstoffe und, in größter Menge, Sauerstoff und Kohlensäure. Alle sind in der Blutflüssigkeit gelöst, dem *Blutplasma*. Es enthält auch noch den Stoff, der das Blut gerinnen macht. Es hört auf zu bluten, weil die Wunde durch ein Gerinnsel verschlossen wird. Das Gerinnsel trocknet zum Schorf ein und zieht dabei die Wundränder aneinander. Entfernt man den Gerinnungsstoff aus dem Blutplasma, so erhält man das *Blutserum*, in dem die vorhin genannten Stoffe in Wasser gelöst sind, von 100 Gramm Serum sind im Durchschnitt 95 Gramm Wasser. Sie kommen zum größten Teil aus der Nahrung, außer dem Sauerstoff, der aus der Luft stammt. Und es erhebt sich die Frage, wozu hat der Mensch eigentlich das Blut mit den vielen gelösten Stoffen?

Alle Zellen, aus denen sich unser Körper aufbaut, sind lebendig, und um leben zu können, müssen sie essen, trinken und atmen wie der ganze Mensch. Mit allem dazu Nötigen werden sie versorgt durch das Blut, dem aus Magen, Darm und Lungen eben dieses Nötige zugeführt wird, wovon wir später noch zu reden haben werden. Damit das Blut diese Aufgaben vollziehen kann, wird es durch eine Pumpe, das Herz, im Körper im Umlauf gehalten und allen Organen zugeführt. Es fließt in einem Röhrensystem, den Blutgefäßen, den Adern. In den Organen tritt Wasser mit den in ihm gelösten Stoffen aus den Blutgefäßen aus und an die Zellen heran. Mit den Ausscheidungen der Zellen beladen, wird es zum Teil wieder in die Blutgefäße aufgenommen, zum Teil in einem zweiten Röhrensystem abgeleitet, dem Lymphgefäßsystem, so genannt nach seinem Inhalt, der Lymphe, einer farblosen, ein wenig opaleszierenden Flüssigkeit.

Vom Herzen und vom Blutkreislauf

Warum blutet es, wenn man sich in den Finger schneidet? Warum fließt Wasser aus der Leitung, wenn man den Hahn aufdreht? Das ist das gleiche Prinzip. Im Wasserleitungsrohr ist ein höherer Druck als in der Luft. Wenn man den Hahn aufdreht, fließt Wasser aus infolge des Druckunterschiedes. Genauso ist es, wenn es blutet. Wenn man sich schneidet, werden feine Blutgefäße eröffnet, in denen das Blut einen Überdruck von mindestens 20 Millimeter Quecksilber hat. Also muß Blut ausfließen. Das Blut strömt in einem Röhrensystem, in welches das *Herz* als Pumpwerk eingeschaltet ist. Die Röhren, in welchen es stoßweise vom Herzen wegfließt, sind die *Pulsadern*, *Schlagadern* oder *Arterien*, die anderen, in denen es zum Herzen zurückkehrt, sind die *Blutadern* oder *Venen*. Die Schlagadern verzweigen sich wie ein Baum. Der Stamm des Gefäßbaumes ist die Hauptkörperschlagader, die *Aorta* (Abb. 2). Sie nimmt das vom Herzen ausgeworfene Blut auf und verteilt es auf ihre großen Äste, die sich in immer dünnere Äste verzweigen.

Die Blutmenge, die das Herz mit jedem seiner Schläge in die Aorta auswirft, ist nur gering, 70 Kubikzentimeter, reichlich zwei Eierbecher voll. Aber viele Wenig machen ein Viel. 70 Schläge in der Minute ergeben fünf Liter, für den ganzen Tag 7500 Liter. Ebensoviel wird in die Lungenschlagader geworfen, zusammen also 15000 Liter, eine stattliche Menge! Die Druckarbeit, die das Herz bei jedem Schlag leistet, beträgt für das ganze Herz 0,2 Meterkilogramm, am ganzen Tag 19000 Meterkilogramm. Das ist soviel, wie wenn es jeden Tag einen vollbeladenen Eisenbahngüterwagen 90 Zentimeter hochdrücken würde. Das ist die Leistung in der Ruhe, bei körperlicher Arbeit kann sie, mindestens vorübergehend, fünf- bis sechsmal so hoch sein. Wenn man sich diese Zahlen überlegt und sich das Herz als Motor denkt, möchte man glauben, es hätte eine beträchtliche Zahl Pferdestärken. In Wirklichkeit hat es nur $^1/_{375} = 0{,}0027$ PS, bei einem Gewicht von 300 Gramm. Also ein winziger Motor, der aber durch seine Betriebssicherheit und Dauerhaftigkeit große Leistungen vollbringt. Es ist und bleibt bewundernswert, daß das Herz ein langes Leben hindurch ohne Unterbrechung schlagen kann. Es kennt keine 40-Stunden-Woche und keinen Urlaub, seine Woche hat

168 Stunden, Monat für Monat, Jahr für Jahr. Man fragt sich, wieso das möglich ist. Einen Hinweis gibt folgende Überlegung: nach jedem Schlag kann es ausruhen, der Schlag selber dauert ungefähr $^3/_5$ Sekunden, die Ruhe $^2/_5$. Von den 24 Stunden des Tages arbeitet es nicht ganz 15 Stunden und ruht über 9 Stunden aus, auf 3 Stunden Arbeit kommen ungefähr 2 Stunden Ruhe.

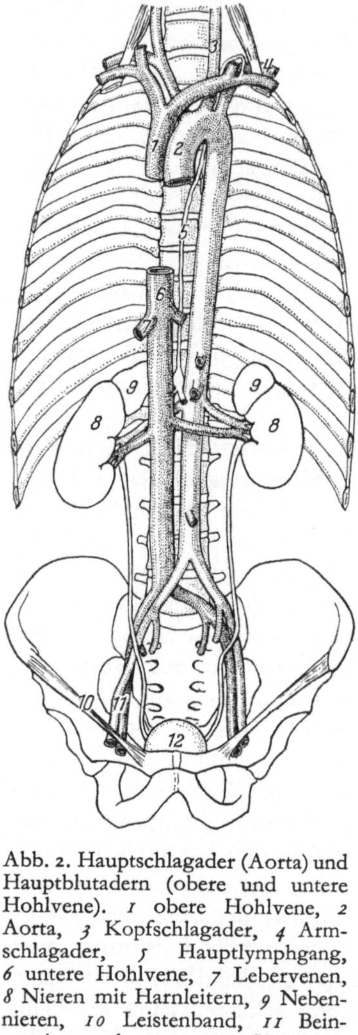

Alle genannten Zahlen sind Durchschnittswerte, die Herzen der einzelnen Menschen verhalten sich so verschieden wie die Menschen selber. Der Neugeborene hat 120 Pulsschläge, das zehnjährige Kind noch 90. Das hängt weitgehend mit der Körpergröße zusammen, der Elefant hat 25 Pulse in der Minute, die Maus 500, die Fledermaus 900.

Wie ist das *Herz* gebaut, von dem das Berichtete gilt? Es ist so groß wie die Faust seines Trägers und ist ein Hohlmuskel, der sich zusammenziehen, sich kontrahieren kann wie der Bizeps. Bei seiner Kontraktion wird das Herz kleiner, enger, bei der Erschlaffung wieder weiter, wie wenn ich den Gummiball eines Gebläses rhythmisch zusammendrücke und loslasse. Die Zusammenziehung, den Herzschlag, nennt man Systole, die Erschlaffung Diastole. Bei der Systole stößt

Abb. 2. Hauptschlagader (Aorta) und Hauptblutadern (obere und untere Hohlvene). *1* obere Hohlvene, *2* Aorta, *3* Kopfschlagader, *4* Armschlagader, *5* Hauptlymphgang, *6* untere Hohlvene, *7* Lebervenen, *8* Nieren mit Harnleitern, *9* Nebennieren, *10* Leistenband, *11* Beinarterien und -venen, *12* Harnblase

das Herz an die Brustwand an, so daß man es dort klopfen fühlt. Durch die Systole wird der Inhalt in die Aorta bzw. in die Lungenarterie ausgetrieben. In der Aorta wird dadurch ein systolischer Blutdruck von 160 Millimeter Quecksilber erzeugt. In der Armarterie, wo ihn der Arzt mißt, ist der systolische Druck normalerweise noch 120 Millimeter. Durch das Weiterschreiten der Pulswelle sinkt er hier auf den diastolischen Druck von 80 Millimeter. Der Arzt sagt dann, der Blutdruck ist 120 zu 80. In den letzten Verzweigungen ist er noch etwa 20 Millimeter Quecksilber, etwas mehr als 250 Millimeter Wasser. Daß er mehr und mehr abnimmt, hat mehrere Gründe, z. B. je weiter vom Herzen weg, desto dünner sind die Äste des Gefäßbaumes, desto größeren Widerstand bieten sie dem strömenden Blute. Die feinsten und dabei zahlreichsten haben nur noch 0,01 Millimeter Durchmesser. In so dünnen Röhren ist der Strömungswiderstand sehr hoch, um so höher als das Blut ja nicht leichtflüssig ist wie Wasser. Trotzdem strömt es noch ziemlich schnell, da es ständig abgesaugt wird. Doch davon später!

Das Herz (Abb. 3) hat Kegelform mit Spitze und Basis und liegt schräg im Brustraum, die Basis rechts oben, die Spitze links unten, $^1/_5$ rechts der Mittelebene, $^4/_5$ links (Abb. 53). Es hat sein eigenes Blutgefäßsystem, die Kranzgefäße, Koronargefäße. Werden im höheren Alter diese Arterien durch Arteriosklerose mit Kalkeinlagerungen in ihrer Wand verengert (Koronarsklerose), so ist mangelhafte Ernährung des Herzmuskels und Minderung seiner Leistungsfähigkeit die Folge. Wird ein Ast völlig verschlossen (Herzinfarkt), erhält der von ihm versorgte Teil des Herzmuskels kein Blut mehr und kann nicht mehr arbeiten. Die Größe des betroffenen Astes und seines Versorgungsgebietes ist entscheidend für das Schicksal des Kranken.

Bisher ist vom Herzen als einer Einheit gesprochen worden. In Wirklichkeit sind es zwei Herzen, die, rechts und links von einer gemeinsamen Wand gelegen, diese Einheit bilden (Abb. 4). Jedes von ihnen besteht aus einer muskelstarken Kammer und einer muskelschwachen, dünnwandigen Vorkammer oder Vorhof. Was von der Tätigkeit des Herzens berichtet worden ist, bezieht sich alles auf die beiden Kammern. Bei der natürlichen Lage des Herzens im Körper liegt das rechte Herz vorn, das linke hinten, die

Vorderwand wird also von der rechten Kammer gebildet (Abb. 3). Aus ihr geht die Lungenarterie hervor, die sich in den Lungen verzweigt, aus der linken Kammer die Körperarterie, die Aorta, die den ganzen Körper versorgt. Die linke Kammer ist dementsprechend wesentlich muskelstärker als die rechte. Das Blut strömt

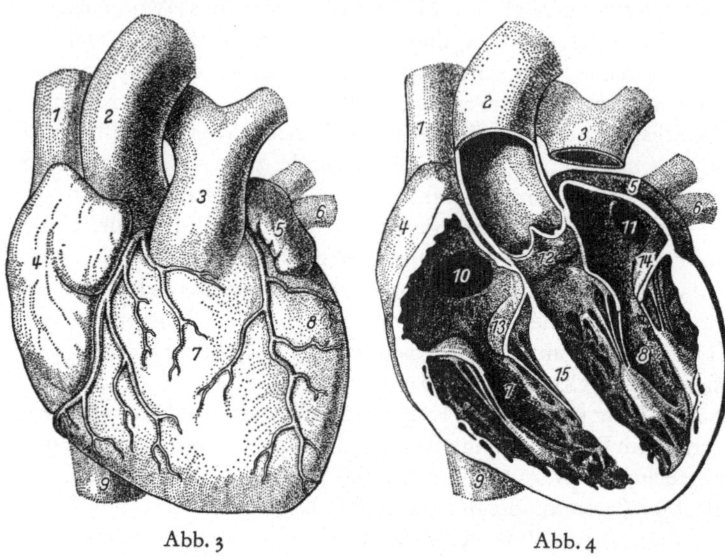

Abb. 3

Abb. 4

Abb. 3. Herz mit Kranzarterien, Ansicht von vorn. ½ nat. Gr. *1* obere Hohlvene, *2* Aorta, *3* Lungenschlagader, *4* rechte Vorkammer, *5* linke Vorkammer, *6* linke Lungenvenen, *7* rechte Kammer, *8* linke Kammer, *9* untere Hohlvene

Abb. 4. Längsschnitt durch das Herz, schematisiert. *1—9* wie in Abb. 3, *10* Einmündung der unteren Hohlvene, *11* Einmündung der linken Lungenvenen, *12* Taschenklappen der Aorta, *13* Segelklappen in der rechten, *14* in der linken Kammer, *15* Herzscheidewand

aus der linken Kammer (Abb. 5) in die Aorta und durch deren Verzweigungen in den Körper, sammelt sich in den Körpervenen, gelangt durch sie in die rechte Herzhälfte und durch die Lungenarterie in die Lungen. Durch die Lungenvenen kommt es in die linke Vorkammer und die linke Kammer, und der Kreislauf beginnt von neuem, vom linken Herzen durch den Körper zum rechten Herzen, und vom rechten Herzen durch die Lungen zum linken zurück. Den weiten Weg durch den Körper bezeichnet man als großen Kreislauf, den kurzen durch die Lungen als kleinen. Das bezieht sich nur auf die Länge des Weges, die Durchflußmengen sind im großen und kleinen Kreislauf gleich.

Es hört sich leicht an: das Blut macht einen Kreislauf. Warum fließt es nicht einmal in umgekehrter Richtung? Dieser Möglichkeit ist vorgebeugt durch den Einbau von Ventilen in das Herz. Das sind die *Herzklappen* (Abb. 4, 6). An der Grenze von Vorhof und Kammer findet sich ein Ventil, so daß das Blut bei der Systole der Kammer nicht in den Vorhof zurückfließen kann. Und am Ausgang der Kammer in die Aorta bzw. Lungenarterie ebenfalls, so daß bei der Diastole der Kammer kein Rückströmen in die Kammer möglich ist. Die beiden Ventile an

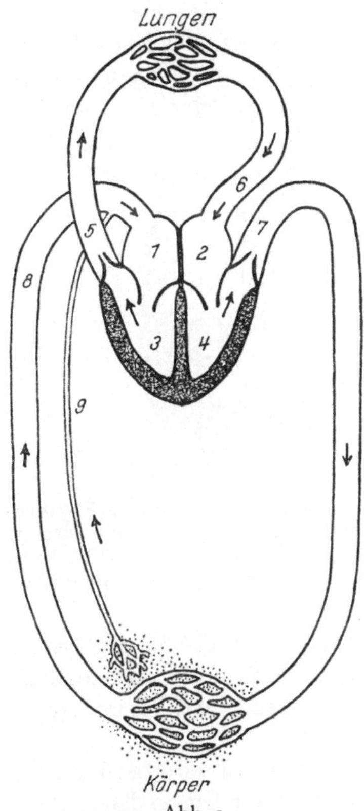

Abb. 5

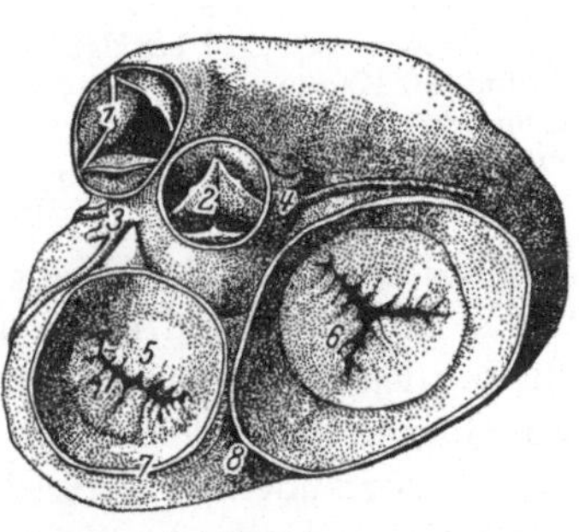

Abb. 6

Abb. 5. Schema des Blutkreislaufes. Gewebsflüssigkeit durch Punkte angedeutet. *1* rechter Vorhof, *2* linker Vorhof, *3* rechte Kammer, *4* linke Kammer, *5* Lungenarterie, *6* Lungenvene, *7* Aorta, *8* Hohlvene, *9* Hauptlymphgang

Abb. 6. Ventilebene des Herzens, Vorkammern abgetragen und Schlagadern kurz über ihrer Austrittsstelle abgeschnitten. *1* Taschenklappen der Lungenarterie, *2* Taschenklappen der Aorta, *3* u. *4* Kranzarterien, *5* zweizipflige linke Segelklappe, *6* dreizipflige rechte Segelklappe, *7* Schnittrand der linken, *8* der rechten Vorkammer. ½ nat. Gr.

der Vorhofkammergrenze liegen in einer Ebene, der Ventilebene (Abb. 6). Jedes Versagen eines der Ventile, ein Herzklappenfehler, muß notwendig zu einer Störung des ganzen Kreislaufes führen und zu einer Verringerung der Leistungsfähigkeit des Kranken.

Die Ventile an der Vorhofkammergrenze haben eine wichtige Nebenfunktion. Bei der Kammersystole werden sie durch das gegen sie andrängende Blut geschlossen, zugleich wird die Ventilebene gegen die Herzspitze gezogen (Abb. 7). Das geschlossene Ventil wirkt dann wie ein Pumpenstempel, der Blut aus den

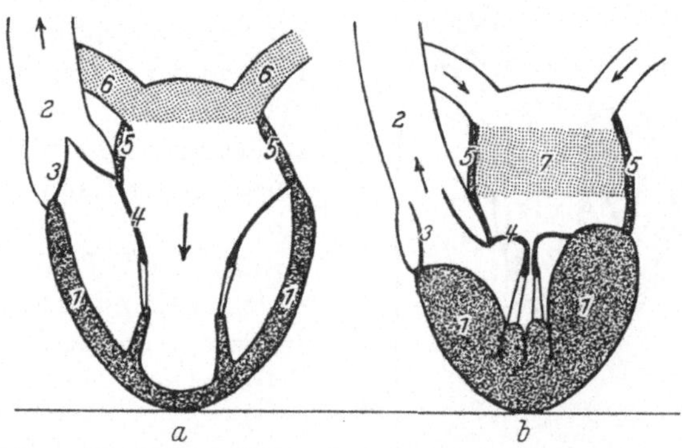

Abb. 7. Schema für das Herz als Druck- und Saugpumpe. *a* Diastole, *b* Systole. *1* Wand der Kammer, *2* Schlagader, *3* deren Taschenklappen, in der Diastole geschlossen, *4* Segelklappe, in der Systole geschlossen, *5* Wand der Vorkammer, *6* in sie einmündende Venen, *7* in die Vorkammer eingesaugte Blutmenge (punktiert)

Venen in den Vorhof nachsaugt. Das Herz drückt bei der Systole Blut in die Aorta und in die Lungenarterie und saugt zugleich Blut aus den Vorhöfen und den großen Venen nach, es ist Druck- und Saugpumpe zugleich.

Aber wozu überhaupt Kreislauf? Durch ihn wird bewirkt, daß das Blut, nachdem es den Körper durchflossen hat, in den Lungen mit Sauerstoff beladen wird, bevor es wieder in den Körper gelangt. Der Sauerstoff ist für die Zellen und Organe unentbehrlich. Das reichste Nahrungsangebot nützt ihnen nichts, wenn sie nicht noch Sauerstoff bekommen, ohne den sie die Nährstoffe nicht verarbeiten und ausnützen können. Wir haben im Körper einen für Tage und Wochen ausreichenden Vorrat an Nahrungsmitteln, aber keinen an Sauerstoff. Wir können getrost fasten, kurze Zeit auch dursten, aber Sauerstoff können wir kaum eine Minute lang entbehren, sonst ersticken die Zellen und damit der Mensch. Der Blutkreislauf unterhält die Sauerstoffzufuhr, alles andere, noch so Wichtige, tritt dem gegenüber zurück. Der Kreislauf richtet sich nach dem Sauerstoffbedarf, wird er größer, z. B. bei körperlicher Arbeit, und sei es auch nur beim Treppensteigen, wird die Herztätigkeit entsprechend erhöht. Diese Regulierung besorgen die Herznerven, die dem vegetativen Nervensystem angehören, über welches in einem späteren Kapitel berichtet werden wird. Außer auf das Herz wirkt es zugleich auf die Blutgefäße, so daß mit jeder Änderung der Herztätigkeit eine Änderung der Gefäßweite und damit der Strömungsbedingungen für das Blut einhergeht. Alle Anteile des Kreislaufs sind aufs feinste aufeinander abgestimmt. Den tätigen Organen wird mehr Blut zugeführt, den ruhenden wird es entzogen, bei der Verdauung wird dem Gehirn Blut weggenommen und dem Magen und Darm zur Verfügung gestellt. Durch diese Verteilung nach dem Bedarf wird so viel Blut gespart, daß der Mensch mit 5 Litern auskommen kann. Woher freilich das vegetative Nervensystem weiß, welchem Organ mehr Blut zugeführt werden muß, welchem dafür Blut entzogen werden darf, das ist ein Rätsel. Aber das Nervensystem ist immer klüger als sein Mensch.

Die Schlagadern sind so gebaut, daß sie das Blut mit möglichst geringem Kraftaufwand für das Herz den feinsten Verzweigungen, den Haargefäßen oder Kapillaren, zuführen. Ihre Wand enthält eine Muskelschicht, durch welche die Lichtung enger und weiter gestellt werden kann, und die Verzweigungsstellen sind so geformt, daß in dem strömenden Blut keine Wirbel entstehen, durch welche der Strömungswiderstand erhöht werden würde. Sie sind reine Transporteinrichtungen, die entscheidende Strecke des Blutgefäßapparates sind die *Kapillaren.* Sie sind die Umschlagplätze der Nährstoffe für die Zellen und Organe. Sie haben eine durchschnittliche Weite von 0,01 Millimeter, so daß die Blutkörperchen gerade noch durchtreten können, und sind zu Netzen vielfältig miteinander verbunden (Abb. 8). Jedes Organ hat sein besonders geformtes Kapillarnetz. Die Kapillaren haben sehr dünne Wände mit wunderbaren Fähigkeiten, die man ihnen freilich durchaus nicht ansehen kann. Sie bestehen aus einer einfachen Lage ganz flacher Zellen, dem Endothel (Abb. 14a), die einem dünnen Häutchen aufliegen. Dieses Grundhäutchen ist ein Filz zartester Fäserchen, die so schmiegsam und verschiebbar sind, daß selbst körperliche Elemente wie Blutkörperchen zwischen ihnen hindurchtreten können. Die Endothelzellen haben die Fähigkeit, sich zusammenzuziehen, um die Lichtung zu verengern oder ganz zu verschließen. Nur im tätigen Organ sind alle Kapillaren offen und von Blut durchströmt, im ruhenden ist ein großer Teil gedrosselt. Vor allem haben die Endothelzellen die Fähigkeit, aus dem Blute Wasser und in ihm gelöste Stoffe, Sauerstoff und Nährstoffe, zu entnehmen und an das Organ weiterzugeben, je nachdem, welche Stoffe die Zellen des Organes gerade brauchen. Gemeinhin sagt man nur: aus den Kapillaren tritt die *Gewebsflüssigkeit* aus, die alle Gewebe und Organe durchtränkt, und vergißt, daß die Endothelzellen dabei höchst aktiv tätig sind. Sie wählen aus und bestimmen, welche Stoffe sie aus dem Blute herausnehmen und welche nicht. Die Gewebsflüssigkeit enthält demnach, was die Zellen nötig haben, aber auch Kohlensäure und die übrigen Schlacken, die bei der Lebenstätigkeit der Zellen anfallen. Sie wird ständig von den Blutkapillaren neu ausgeschieden und wird auch von ihnen wieder aufgenommen, aber nur zum Teil. Den anderen Teil, mit anderen Abfallprodukten, nimmt das zweite Kapillarnetz auf, das sich neben dem der Blutkapillaren in den Organen findet, das Netz der Lymphkapillaren. Ihr Inhalt ist dieser andere Teil der Gewebsflüssigkeit, die Lymphe.

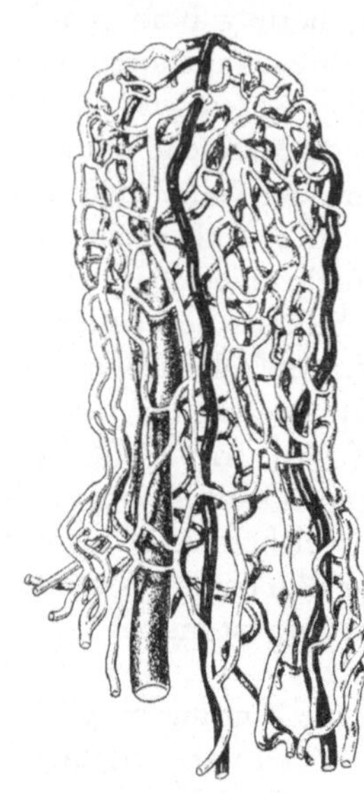

Abb. 8. Kapillarnetz einer Dünndarmzotte. Nach R. SPANNER. Vergrößerung 100fach. Zuführende Arterien schwarz, abführende Venen grau

Die Gewebsflüssigkeit wird also auf zwei Wegen abgeleitet, durch Blutkapillaren und Lymphkapillaren. Aus den Blutkapillaren gehen die Blutadern oder Venen hervor, aus den Lymphkapillaren die Lymphgefäße (Abb. 5, 58). Die *Venen* verbinden sich vielfach untereinander und fließen zu immer größeren Gefäßen zusammen, die sich schließlich zu zwei großen Stämmen vereinigen, die in den rechten Vorhof des Herzens einmünden, zur oberen und unteren Hohlvene (Abb. 2). Von den Venen ist äußerlich manche zu sehen, da selbst große Äste unter der Haut verlaufen wie am Handrücken, am Unterarm, in der Ellenbeuge. Infolge des leicht unteratmosphärischen Druckes im Brustraum, besonders aber infolge der Saugwirkung des Herzens, strömt das Blut in den Venen der rechten Vorkammer zu. Wo die Gefahr besteht, daß das Blut zurückfließen könnte, sind Ventile in den Venen angebracht, die Venenklappen (Abb. 9).

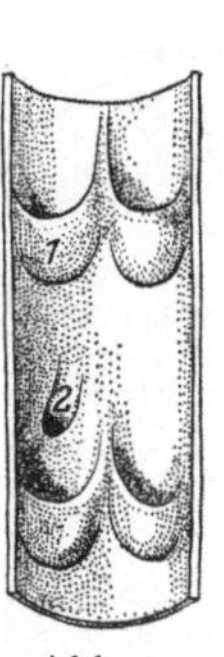

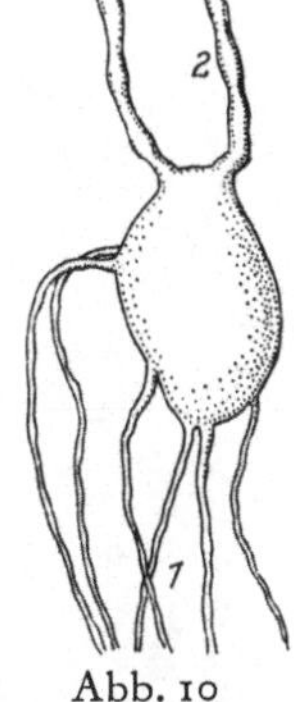

Abb. 9 Abb. 10

Abb. 9. Venenklappen, ein Stück einer Vene längs aufgeschnitten. *1* Klappe, *2* Einmündung eines Astes. Etwa $^2/_3$ nat. Gr.

Abb. 10. Lymphknoten der Leistenbeuge mit den von Zehen und Fußrücken kommenden Lymphgefäßen (*1*), die übrigen in ihn einmündenden Lymphgefäße sind nicht dargestellt. *2* abführende Lymphgefäße. Nach einer Röntgenaufnahme vom Lebenden. Nat. Gr.

Die *Lymphgefäße* laufen lange Strecken unvereinigt und werden kaum stärker als ein Zwirnsfaden (Abb. 10). Die Strömung in ihnen wird durch rhythmische Tätigkeit der Muskulatur in ihrer Wand unterstützt und durch Klappen, die in ihrer ganzen Länge in dem kurzen Abstande von nur etwa 1 Zentimeter gegen das Rückströmen eingebaut sind. Die Lymphgefäße durchsetzen eine Reihe von Lymphknoten, von denen noch zu reden sein wird. Bei eitrigen Entzündungen, z. B. einem Panaritium, können sie als rote Streifen in der Haut sichtbar werden. Schließlich werden sie zu mehreren Stämmen zusammengefaßt, deren größter, der *Hauptlymphgang* (Abb. 2), die Lymphe aus Bauch, Becken und Beinen abführt. Sie münden in die großen Venen am Halse, nahe dem Herzen, und stehen wie die Venen unter dessen Saugwirkung. Der in ihnen abgeführte Teil der Gewebsflüssigkeit wird also zum Schluß wieder dem Blute beigemischt. Den doppelten Weg der Gewebsflüssigkeit über Blut- und Lymphgefäße können wir vorerst nur feststellen, warum er sein muß, wissen wir nicht.

Von den lymphatischen Organen

Mit Lymphe und Lymphgefäßen stehen eine Reihe von Bildungen in Zusammenhang, die im ganzen Körper anzutreffen sind, die lymphatischen Organe. Zu ihnen gehören z. B. die *Mandeln*, die uns von Kindheit an vertraut sind. Wenn wir Halsschmerzen hatten und es beim Schlucken weh tat, sagten die Großen, wir hätten eine Mandelentzündung. Wenn sie selber das hatten, nannten sie's eine Angina. Die lymphatischen Organe sind durch den Reichtum an Lymphozyten ausgezeichnet und durch ein Gerüst, in welches die Lymphozyten eingelagert sind (Abb. 11). Es ist ein Netzwerk miteinander verbundener Zellen, die das vielseitige Umbildungsvermögen frühembryonaler Zellen bewahrt haben. Die einen werden zu Mutterzellen der Lymphozyten, andere lösen sich aus dem Netz los und wandeln sich zu frei beweglichen Wanderzellen und Freßzellen (Phagozyten) um, die Fremdkörper in sich aufnehmen können. Die Lymphorgane sind Bildungsstätten und Vorratslager von Lymphozyten, auf die der Organismus je nach seinem Bedarf zurückgreifen kann. Die Lager werden ständig ergänzt, nur nach langen auszehrenden Krankheiten findet man sie leer. Dank der Fähigkeiten ihres Grundnetzes sind sie außerdem Schutz- und Abwehrapparate.

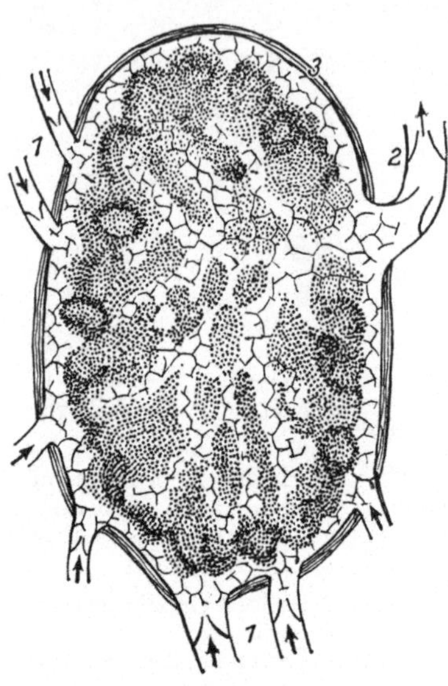

Abb. 11. Schematischer Schnitt durch einen Lymphknoten. *1* zuführende Lymphgefäße mit Klappen, *2* abführendes Lymphgefäß, *3* bindegewebige Kapsel

Die einfachsten lymphatischen Organe, die *Lymphfollikel*, sind gegen ihre Umgebung nicht abgegrenzt, liegen frei im Bindegewebe und bestehen nur aus lymphatischem Gewebe, d. h., aus Grundnetz und Lymphozyten. Sie sind regelmäßig in denjenigen Schleimhäuten vorhanden und tätig, die mit der Außenwelt unmittelbar in Verbindung stehen, in der Schleimhaut der Nasenhöhle, des Rachens, der Luftröhre, der Bronchien, der Speiseröhre, des Magens und Darmes, also der Luft- und Nahrungswege. Sie können aber auch in allen anderen Organen auftreten, es sind Wachtposten, die nach Bedarf für irgendeine Aufgabe im Bindegewebe entstehen und wieder verschwinden. Außerdem sind sie ein wesentlicher Bestandteil der besonderen lymphatischen Organe, der Lymphknoten, der Mandeln und der Milz.

Die *Lymphknoten*, früher irrtümlich Lymphdrüsen genannt, sind rundliche Gebilde von mehreren Millimetern bis zu mehreren Zentimetern Größe (Abb. 10). Sie besitzen eine bindegewebige Kapsel und sind als kleine Seen in die Lymphbahnen eingeschaltet. Eine Anzahl Lymphgefäße münden in den See ein, nur wenige führen hinaus in den nächsten Lymphknoten. In den See ist lymphatisches Gewebe eingebaut (Abb. 11), durch welches die Lymphe langsam hindurchsickert. Für die Lymphe ist das Grundnetz eine Art lebendiger Filter. Bakterien, die mit ihr hereinkommen, können von Zellen, die aus dem Verbande des Netzes austreten, abgefangen und unschädlich gemacht werden, zugleich entstehen in verstärktem Maße neue Lymphozyten. Als Reaktion auf die verschiedenartigsten Reize treten rundliche Knötchen auf (Abb. 11), Orte besonders lebhafter Lymphozytenbildung. Bei erhöhter Abwehr schwillt der Knoten an und wird schmerzhaft. Bei einer eitrigen Entzündung, z. B. einem Panaritium, bekommt man Schmerzen in der Achselhöhle und kann dort die angeschwollenen Lymphknoten fühlen. Ähnlich am Oberschenkel unterhalb der Leistenbeuge bei Entzündungen an Fuß und Bein. Sie erweisen sich als Schutzorgane gegen das Vordringen der Krankheitserreger. Arme und Beine, ja die ganze Körperoberfläche ist in solcher Art abgesichert. Diese unter der Haut liegenden Lymphknoten sind nur der erste Sicherheitsposten, in die aus ihnen herausführenden Lymphbahnen sind weitere hintereinander eingeschaltet, die tiefer liegen und der Sicht und dem Tasten entzogen sind. Von jedem Körperteil und von jedem Organ wird die Lymphe auf solche Weise durch bestimmte, ihnen zugehörige Lymphknoten geführt und gefiltert.

Einen ähnlichen Dienst als Sicherheitsorgane haben die *Mandeln* an den Öffnungen, die aus Mund- und Nasenhöhle in den

Rachen führen, die Gaumenmandeln (Abb. 12), die Rachenmandel und die Zungenmandel (Abb. 45). Die beiden Gaumenmandeln sind als löcherige Vorwölbungen neben dem Zungengrund zwischen den beiden Gaumenbögen sichtbar, die Rachenmandel und die Zungenmandel sind von außen nicht zu sehen. Die Rachenmandel (Abb. 45) liegt der Unterfläche der Schädelbasis an. Vergrößert sie sich beim Kinde, bei dem dieser oberste Teil des Rachens noch sehr eng ist, so verlegt sie den Eingang der Nasenhöhle in den Rachen und die Mündung der Ohrtrompete. Folge davon ist, daß das Kind keine Luft durch die Nase bekommt, ständig, auch nachts, den Mund offen hält und unter Umständen auch schwerhörig wird. Der Hans-guck-in-die-Luft ist ein solches träumerisches Kind. — Die Zungenmandel ist in dem senkrecht abfallenden Teil des Zungenrückens enthalten, der dem Rachen zugewendet ist.

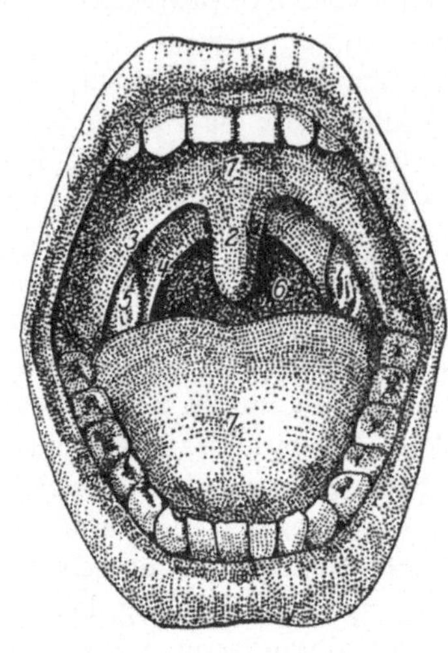

Abb. 12. Einblick in die Mundhöhle. *1* Gaumen, *2* Zäpfchen, *3* vorderer, *4* hinterer Gaumenbogen, *5* Gaumenmandel, *6* hintere Rachenwand, *7* Zunge

Für die Mandeln charakteristisch sind röhrenförmige Einsenkungen der Oberfläche, die von Lymphfollikeln umstellt sind, und deren Epithel ganz von Lymphozyten durchsetzt ist. Was das zu bedeuten hat, ist nicht klar. Die Gaumenmandeln und die Rachenmandel müssen herausgenommen werden, wenn sie infolge häufiger Anginen chronisch entzündet bleiben und eine Quelle ständiger Infektionen im Körper geworden sind. Die Wegnahme aller drei Mandeln kann unbedenklich geschehen, da ihre Funktion als Sicherheitsorgane von Lymphfollikeln übernommen wird, die sich immer in großer Zahl in der Umgebung der Mandeln im Gaumen, in den Gaumenbögen und in der Rachenwand finden. Zusammen mit den Mandeln werden sie als *lymphatischer Rachenring* bezeichnet. Er bildet an den Zugängen von Nasen- und

Mundhöhle zum Rachen einen ausgedehnten Schutzapparat, von dem die Mandeln nur ein Teil sind. Schon bei einem einfachen Rachenkatarrh kann man die in Abwehrreaktion vergrößerten Lymphfollikel in der hinteren Rachenwand als feine Körnchen wie Stecknadelköpfe erkennen.

Zu den lymphatischen Organen kann man auch die *Milz* rechnen, da sie viel lymphatisches Gewebe enthält. Sie ist 12 Zentimeter lang und 7 Zentimeter breit und liegt auf der linken Seite in Höhe der 10. Rippe (Abb. 53, 54). Sie besitzt eine geschlossene Kapsel wie die Lymphknoten, ist aber nicht ein Lymphsee, sondern ein Blutsee. Von daher kommt ihre Farbe, dunkelrot wie venöses Blut. Der See ist von dem gleichen zelligen Grundnetz durchzogen wie der Lymphknoten (Abb. 13), seine Maschen enthalten das Blut. Die Milz hat die Aufgabe, die verbrauchten roten Blutkörperchen zu verschrotten. Sie macht ihre Hülle durchlässig, so daß der Blutfarbstoff austritt, und läßt die leeren Hüllen von losgelösten Zellen des Grundnetzes aufnehmen und abtransportieren. Zu diesem Behufe wird die Strömungsgeschwindigkeit des Blutes stark herabgesetzt, die letzten Äste der zuführenden Arterien gehen in der Milz nicht wie sonst in Kapillaren über, sondern öffnen sich frei in die weiten Maschen des Grundnetzes. Aus ihnen wird es in weite venöse Gefäße aufgenommen, die, schließlich zur Milzvene vereinigt, das Blut in die Pfortader der Leber führen. Die weiten Bluträume ermöglichen es der Milz nebenbei, einen Teil des Blutes zurückzuhalten und die Menge des umlaufenden Blutes zu verringern. Sie ist Blutspeicher ebenso wie die Leber. Beide gehören zu den Regulatoren des Kreislaufs, in der Ruhe entlasten sie das Herz, indem sie Blut festhalten, bei körperlicher Arbeit geben sie Blut ab. Sie ergänzen die Verteilung des Blutes

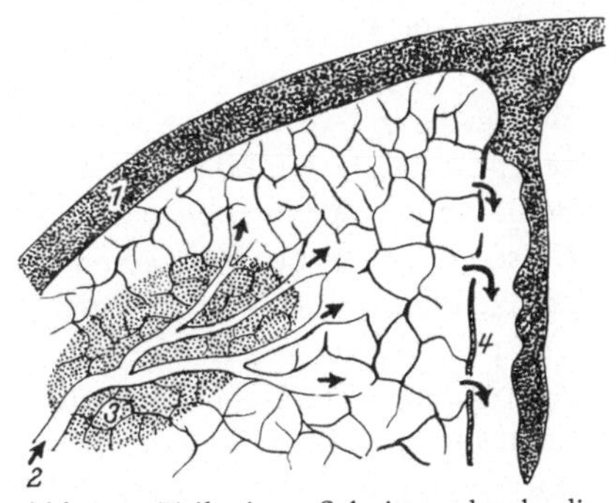

Abb. 13. Teil eines Schnittes durch die Milz, schematisch. *1* bindegewebige Kapsel, *2* Arterie, *3* lymphatisches Gewebe, *4* Vene

auf ruhende und tätige Organe und tragen dazu bei, daß der Organismus mit der geringstmöglichen Menge Blut bei geringstmöglicher Arbeit für das Herz auskommt.

Von den Baustoffen des Körpers

Von den Zellen

Blut und Blutkreislauf, so hörten wir, sind der Zellen wegen da. Alle Organe bestehen ganz oder zum entscheidenden Teile aus Zellen, alle Leistungen der Organe sind Leistungen ihrer Zellen. Es sind mikroskopisch kleine Gebilde, weich und zart, die nur in Wasser bzw. Gewebsflüssigkeit leben können. Eine an die andere gefügt, in einfacher oder vielfacher Lage, bilden sie die lückenlose Bekleidung aller inneren und äußeren Oberflächen des Körpers. Diese geschlossenen Zellagen nennt man *Epithelien* (Abb. 14). Sie grenzen das milieu interne gegen das milieu externe ab, die Innenwelt des Organismus ist überall durch Epithel von der Außenwelt geschieden. Kein Nahrungsmittel, kein Arzneimittel kann aus der Lichtung des Magens oder Darmes in den Körper und ins Blut eintreten, außer durch das Epithel hindurch. Kein Bakterium

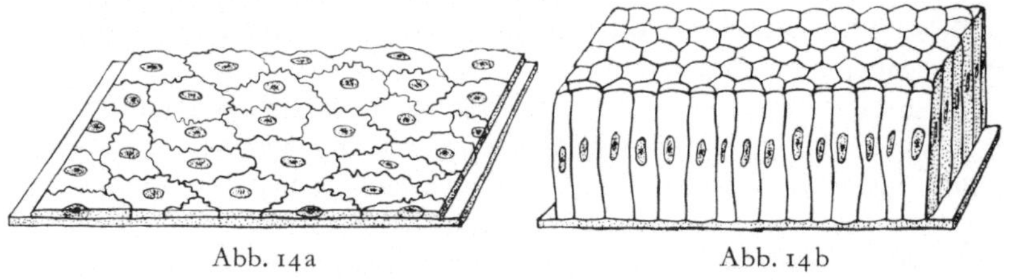

Abb. 14a Abb. 14b

Abb. 14a u. b. Epithel, Schema. a Plattenepithel, b prismatisches (Zylinder-) Epithel. Vergrößerung a 200fach, b 400fach

kann unter die Haut gelangen, es sei denn durch eine Wunde, also bei eröffnetem Epithel. Der Organismus bildet verschiedene Formen des Epithels aus, je nach der Aufgabe der Oberfläche, die es bekleidet, im Darm ein anderes als in der Haut. Im Darm besteht es aus nur einer Lage zarter Zellen, in der Handfläche aus vielen Lagen, deren oberste verhornt ist. Auf Reibung beanspruchtes Epithel ist vielschichtig und derb, am Zungenrücken, in Handteller und Fußsohle. Die „Haut“, die die Hausfrau von der Rinderzunge abzieht, ist das durch Kochen hart gewordene Epithel des Zungenrückens. Man weiß, daß diese Haut nur am Zungenrücken so dick und fest ist, an der Seite viel dünner und weicher wird und sich nicht mehr abziehen läßt. Je stärker die Beanspruchung, desto fester das Epithel, gegebenenfalls wird es zu Hornhaut, Schwielen und Hühneraugen. Das Epithel der Haut ist in den obersten Lagen trocken und wird in kleinen Stücken, „Schuppen“, abgestoßen, die aus abgestorbenen Zellen bestehen, bei Molchen und Schlangen als zusammenhängende Haut (Natternhemd). An den inneren Oberflächen, Mund- und Nasenhöhle, Darmlichtung usw. ist es feucht. Zusammen mit der darunterliegenden Schicht nennt man es eine *Schleimhaut*, auch da, wo es nicht von Schleim überzogen ist.

Die Zelle ist ein selbständiger Organismus, sie hat alle Fähigkeiten, die wir von den Lebewesen kennen: sie kann Stoffe aufnehmen, verarbeiten und abscheiden, sie kann sich bewegen, sich teilen, also sich fortpflanzen, sie kann Reize aufnehmen und beantworten, vermag sich an veränderte Bedingungen anzupassen und die Stoffe auszuwählen, die sie aufnimmt und ausscheidet. Durch das Elektronenmikroskop mit seinen sehr starken Vergrößerungen hat man klarzustellen vermocht, was man früher nur hatte vermuten können, daß sie für bestimmte Funktionen eigene Organe besitzt. Die Isotopenforschung hat die überraschende Entdeckung gebracht, daß in den Molekülen, z. B. den Eiweißmolekülen, aus denen die Zelle aufgebaut ist, die Atome Kohlenstoff, Sauerstoff, Schwefel usw. ständig in kurzen Zwischenräumen ausgewechselt werden, ebenso wie im Knochen der Phosphor des phosphorsauren Kalks. In der lebenden Zelle ist niemals Ruhe, alles ist in Bewegung, und sie selbst als Ganzes bewegt sich auch immerfort. Nur in toten mikroskopischen Präparaten bewegt sich nichts. Das hat man früher nicht bedacht, und daraus ist viel Irrtum und viel unnötiger Streit entstanden.

Die Lebensdauer der Zellen ist sehr verschieden, manche, wie die Darmepithelzellen, leben höchstens zwei Tage, manche leben Wochen und Monate, wohl auch länger. Nach einigen Jahren ist der Körper ganz erneuert. Nur die Nervenzellen sind davon ausgenommen, sie werden nicht ersetzt und müssen das ganze Leben bis zum Ende durchhalten. Daß sie im Laufe der Jahrzehnte etwas erlahmen, ist nicht verwunderlich, aber ein schlechter Trost für den alternden Menschen.

Alle Zellen stammen letzten Endes von der befruchteten Eizelle ab, die durch fortgesetzte Teilungen dem Organismus mit allen seinen Organen den Ursprung gibt. Dabei werden nicht sofort Magen, Leber, Nieren, Gehirn gebildet, sondern die Zellen für sie werden erst allmählich bestimmt und am Orte des künftigen Organes bereitgestellt. Vorher werden sie in drei dünnen Lagen geordnet, einer äußeren, inneren und mittleren, den *Keimblättern*. Das äußere Keimblatt ist bestimmt für die Organe, die den Verkehr mit der Außenwelt vermitteln, Epithel der Haut, Nervensystem und Sinnesorgane, das innere für das Epithel des Darmes, der Lungen, der Leber. Das mittlere Keimblatt liefert alles übrige, z. B. die Harn- und Geschlechtswege, Skelett und Muskulatur, Herz und Gefäße. Auch ist es der Mutterboden aller Baustoffe des Körpers, von denen das nächste Kapitel handelt. Von diesen bildungsfähigen Zellen bleibt lebenslang eine Reserve erhalten, auf die der Organismus immer wieder zurückgreifen kann. Es sind Zellen, die jederzeit bereit sind, eine ihrer vielen Fähigkeiten zu betätigen, freie Wanderzellen zu werden oder zu dem Grundnetz für einen neuen Lymphfollikel zusammenzutreten, sich in Muskelzellen oder Blutkörperchen umzubilden oder in Knochenzerstörer usw. Wir werden ihnen noch öfter begegnen. Man könnte sagen, daß sie eine Art stets einsatzbereiter technischer Nothilfe darstellen. Mit ihrem wissenschaftlichen Namen heißen sie *Mesenchymzellen*, von ihrer Zugehörigkeit zum mittleren Keimblatt her. Sie sind überall im Körper stationiert, im lockeren Bindegewebe, besonders in der nächsten Umgebung der kleinsten Arterien und Venen. Ohne sie könnte keine Wunde und kein Knochenbruch heilen, könnte Giftiges und Abgestorbenes nicht beseitigt werden. Säuberung, Schutz und Abwehr obliegen ihnen ebenso wie die Bildung der Blutkörperchen und der Umbau des Knochens.

Von Fasern, Knochen und Fettgewebe

Aus den weichen Zellen läßt sich kein standfester Körper aufbauen. Dafür gibt es festere Stoffe, mit deren Lieferung die eben genannten Mesenchymzellen und ihre Abkömmlinge betraut sind. Ausscheidungsprodukte dieser Zellen werden organisiert, d. h., sie erhalten eine Struktur, dank deren sie bestimmte mechanische Leistungen vollziehen können. Da sind zunächst Fasern, die *Bindegewebsfasern*, so genannt, weil sie die Organe und ihre Teile miteinander verbinden, z. B. die Haut mit ihrer Unterlage. Solcher Fasern gibt es zwei Arten, von gegensätzlichem Verhalten, einem auf sie ausgeübten Zuge nachgebend oder widerstehend, elastische und kollagene Fasern. Die *kollagenen Fasern* geben beim Kochen Leim (lat. colla) und tragen von da ihren Namen. Sie sind der am meisten und vielfältigsten verwendete Baustoff unseres Körpers. Wie Garn sind sie aus feinsten kurzen Fäserchen zu Fäden gesponnen. Aus diesen Fäden können dünnere oder dickere Bündel gebildet werden, aus solchen Bündeln Stränge wie die Sehnen der Muskeln und die Bänder der Gelenke, oder auch Häute wie die Knochenhaut und die Hüllen der Muskeln. Die kollagenen Fasern sind undehnbar und zugfest. Eine Sehne reißt eher ein Stück aus dem Knochen heraus, in den sie eingepflanzt ist, als daß sie selber zerrisse. Die Festigkeit der Sehnen und Bänder hat nur dort eine Grenze, wo der Mensch sie widernatürlich durch ununterbrochenen dauernden Zug in Anspruch nimmt. Der Chirurg muß Plattfußeinlagen tragen, sonst würden die Bänder, welche die Knochen seiner Füße untereinander verbinden, dem Dauerzug bei täglichem stundenlangem Stehen nachgeben, und die Fußgewölbe würden einsinken.

Wo kollagene Fasern sind, sind fast überall auch *elastische Fasern*, Fasern wie Gummifäden, nachgebend, dehnbar und sich wieder verkürzend, das Gegenteil von den undehnbaren kollagenen Fasern. Sie bleiben beim Kochen unverändert, sind verzweigt und durch den ganzen Körper hindurch netzartig miteinander verbunden. Den kollagenen und elastischen Fasern ist bei aller Gegensätzlichkeit eines gemeinsam, sie sind biegsam. Das unterscheidet sie von Knochen und Knorpel.

Der *Knochen* besteht im wesentlichen aus einer Grundmasse von Eiweißkörpern, in welche feine Bündel kollagener Fasern eingelagert sind. Grundmasse und Fasern sind mit Kalksalzen, besonders phosphorsaurem Kalk, imprägniert, das gibt dem Knochen seine Festigkeit. Entkalkt man ihn, bewahrt er zwar seine Form, wird aber weich und biegsam. Seine Härte darf nicht darüber täuschen, daß er ein sehr lebendiges, bildsames Organ ist. Denn in kleinsten Hohlräumen sind die Zellen erhalten geblieben, die seine Grundmasse ausgeschieden haben, und er ist durchzogen von einem feinen Kanalsystem, in dem die Blutgefäße für die Knochenzellen verlaufen, umgeben von Mesenchymzellen, die je nach Umständen und Erfordernis in knochenzerstörende oder knochenbildende Zellen umgewandelt werden können. Durch sie wird der Umbau vollzogen, in dem der Knochen ununterbrochen begriffen ist, an dem sich auch die *Knochenhaut* beteiligt, eine derbe Bindegewebshaut, die dem Knochen außen unmittelbar anliegt. Sie enthält außer sehr empfindlichen Nerven ein reiches Blutgefäßnetz, von dem feinste Ästchen in das Kanalsystem des Knochens eintreten.

Außer Knochen steht dem Organismus noch ein zweiter harter Baustoff zur Verfügung, der *Knorpel*. Wie der Knochen besteht er aus einer Grundmasse von Eiweißkörpern mit eingelagerten Zellen und feinsten kollagenen Fasern, aber ohne Kalkimprägnierung. Er ist von bläulichweißer Farbe und hat die Konsistenz von Emmentaler Käse, ist schneidbar und druckelastisch. Knorplig ist das Skelett des Kehlkopfes und der Luftröhre und der biegsame vordere Abschnitt der Rippen. Eine Sonderform ist der Faserknorpel, dessen kollagene Fasern so dicke Bündel bilden, daß man sie mit bloßem Auge sehen kann. Aus ihm bestehen z. B. die Menisken des Kniegelenkes und die Bandscheiben der Wirbelsäule (Abb. 28).

Kollagene Fasern, Knorpel und Knochen sind Baustoffe für ausgesprochen mechanische Leistungen. Wo es auf Biegsamkeit und Zugfestigkeit ankommt, finden sich kollagene Fasern, wo auf Stütz- und Druckfestigkeit, ist Knochen verwendet, wo auf Reibungsfestigkeit, Knorpel. Darüber hinaus gibt es noch einen Baustoff für druckelastische Polster, das Fettgewebe. Das klingt erstaunlich und ungewohnt, und doch ist es so: das Fettgewebe ist in erster Linie ein mechanisch beanspruchbares Material (Baufett), und erst in zweiter Linie Depot für Nahrungsfett. Ähnlich sind Knochen und Zähne nebenbei Kalkdepots, und der Volksmund sagt mit Recht, daß jedes entstehende Kind die Mutter einen Zahn kostet. Das bei Körpertemperatur flüssige Fett, also eigentlich Öl, ist eingeschlossen in Fettzellen, mikroskopisch kleine Bläschen, die einen Tropfen Fett enthalten. Einzelne Fettzellen, aneinandergereiht, wirken wie die Kugeln eines Kugellagers, z. B. in den Verschiebeschichten zwischen den gegeneinander bewegten Muskeln. Zu größeren Ballen vereinigt liefern sie die plastischen

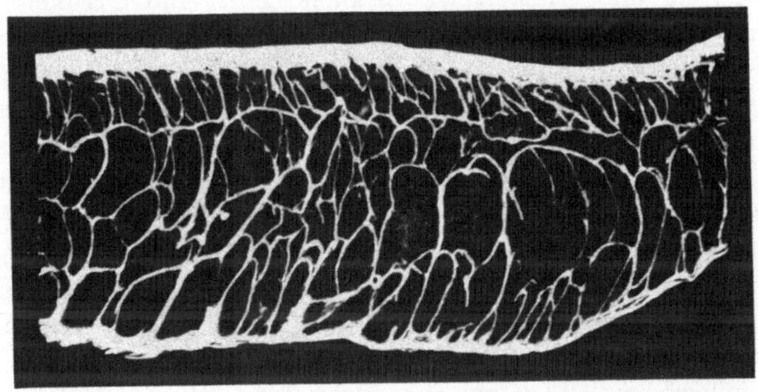

Abb. 15. Schnitt durch das Fettpolster unter der Gesäßhaut. Bindegewebige Wände der Kammern weiß, Fettgewebe schwarz. $^{3}/_{4}$ nat. Gr., daher sind die einzelnen Fettzellen nicht zu sehen. Nach E. BLECHSCHMIDT

Füllsel in formveränderlichen Räumen, z. B. in der Achselhöhle, im Kniegelenk. Schließlich bilden sie, in Kammern mit biegsamen Wänden aus kollagenen und elastischen Fasern eingeschlossen, die elastischen Polster unter der Haut (Abb. 15), besonders der Sitzfläche und der Fußsohle. Am schönsten kann man die Wirkungsweise eines solchen Fettpolsters am Fuß des schreitenden Elefanten beobachten. Seine Zehenknochen stehen im Kreis auf dem Rande der dicken Fußsohle, so, wie wenn wir die Fingerspitzen im Kreise auf die Tischplatte stellen. Die dabei gebildete Höhlung ist von einem großen Fettkissen ausgefüllt (Abb. 16), das durch sein sichtbares Nachgeben dem schweren Tier den weichen, plastischen Gang verleiht.

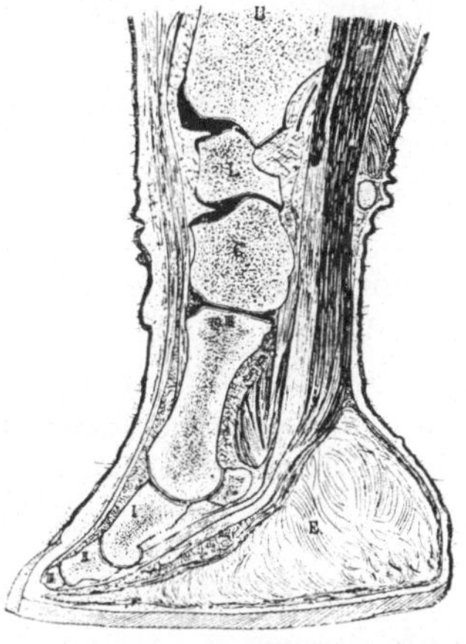

Abb. 16. Schnitt durch den Vorderfuß eines Elefanten. *E* elastisches Polster, *U* Ulna, *L* u. *C* Handwurzelknochen. Etwa $^{1}/_{10}$ nat. Gr. Nach MAX WEBER

Alle Baumaterialien sind lebendig, die Bindegewebsfasern sind nicht tote Zwirnsfäden, der Knochen ist nicht Stein. Die chemischen Elemente, aus denen sie aufgebaut sind, werden ständig ausgewechselt und erneuert wie in allen Zellen und Organen. In allen Teilen bis zu den chemischen Bausteinen ist niemals und nirgends Stillstand, sondern immerwährende Bewegung, das charakteristische Merkmal alles Lebendigen. Der ununterbrochene Wechsel macht es möglich, daß bei veränderter Beanspruchung ganze Fasern, ganze Teile der Knorpel und Knochen allmählich umgebaut werden. Nichts ist starr und unveränderlich, alles ist in Fluß. Darauf beruht das große Anpassungsvermögen des Organismus, sonst könnten wir Klimawechsel und andere Veränderungen der Lebensumstände nicht überstehen, und Wunden und Krankheiten könnten nicht heilen.

Vielleicht sollte ich bei den Baustoffen noch etwas über das *Wasser* sagen, das Dreiviertel unseres Körpergewichtes ausmacht, von 100 Gramm sind 75 Gramm Wasser. Bei einem frischen Apfel sind es 85 Gramm, beim Knochen immerhin 45 Gramm. Zum großen Teile ist dieses Wasser chemisch gebunden an die Moleküle der Stoffe, aus denen Zellen und Organe aufgebaut sind, zum anderen Teile zirkuliert es in Blut und Lymphe, und als Gewebsflüssigkeit durchtränkt es den ganzen Körper und umspült alle Zellen. Nur die alleräußerste Schicht der Haut ist trocken, alles andere ist von Wasser durchsetzt. Auch die Haut bekommt ihre Spannung durch Wasser. Wird es vermindert, wird sie welk wie die Blätter der Pflanzen, wir sehen abgespannt oder gar verfallen aus. Alle Zellen sind Wasserwesen, sie können nur leben im Wasser der Gewebsflüssigkeit. Es gibt nichts Trockenes in unserem Körper, sonst könnten wir uns gar nicht bewegen, oder nur unter Knacken und Krachen wie ein altes verrostetes Fahrrad.

Von Knochen, Gelenken und Muskeln

Vom Skelett

Jeder kennt ihn, den Knochenmann mit der Sense oder dem Stundenglas in der Hand, von den Totentanzdarstellungen, von Grabmälern oder von den Gebeinen der Märtyrer, die auf den

Seitenaltären vieler Kirchen in gläsernen Särgen prunkvoll aufgebahrt sind. Schon auf antiken Gemmen und auf Trinkbechern der Epikuräer ist als Symbol des Todes ein menschliches Skelett dargestellt. Auf anatomische Genauigkeit erhebt es keinen Anspruch, aber so wenig naturalistisch die Darstellung ist, immer zeigt es als Stütze das *Rückgrat*, die *Wirbelsäule* (Abb. 17), ohne welche alles andere keinen Halt hätte. Sie ist ein dicker Stab, aus 33 Stücken zusammengesetzt, den Wirbeln. An ihnen unterscheidet man Körper und Bogen (Abb. 28). Die Körper bilden die tragende Säule, die Bögen den Wirbelkanal, in den das Rückenmark eingelagert ist (Abb. 72). An die Wirbelsäule sind jederseits zwölf *Rippen* angefügt, von denen wir bei den Atembewegungen hören werden. Man kann sie durch die Haut fühlen, bei mageren Menschen auch sehen. Sie zu zählen ist nicht ganz einfach. Gewöhnlich kommt man auf höchstens zehn, wie man die beiden anderen noch fühlen kann, wollen wir dem geschulten Tastgefühl der Ärzte überlassen. Die ersten sieben setzen vorn von beiden Seiten her am Brustbein an und bilden mit ihm den *Brustkorb* oder *Thorax*, den Käfig, in dem Herz und Lungen sicher verwahrt sind. Die zwölf rippentragenden Wirbel werden Brustwirbel genannt, nach oben schließen sich sieben Halswirbel an, nach unten fünf Lendenwirbel. Dann folgen fünf zu einem einheitlichen Knochen, dem *Kreuzbein*, verwachsene Kreuzwirbel und noch vier Steißwirbel, die das *Steißbein* bilden und dem Schwanz der Säugetiere entsprechen. Dank ihrer Gliederung in kurze, zylinderförmige Stücke ist die Wirbelsäule beweglich, am besten die Lendenwirbelsäule. Rumpf nach vorn beugen, nach rückwärts, nach der Seite, und Rumpfdrehen, alles geschieht in der Lendenwirbelsäule, die anderen Abschnitte helfen nur wenig mit. Wenn der Schlangenmensch sich so weit nach rückwärts biegt, daß er mit dem Kopf zwischen den Beinen hervorsieht, ist das in der Hauptsache äußerste Biegung der Lendenwirbelsäule.

Der erste Wirbel führt den Namen *Atlas*, weil er den Kopf trägt wie in der antiken Sage der Riese Atlas die „Breite des Himmels“. Auf ihm kann der Kopf nach vorn und nach rückwärts gebeugt werden, z. B. wenn wir bejahend nicken. Um den zweiten Wirbel kann der Atlas und mit ihm der Kopf gedreht werden, wenn wir verneinend den Kopf schütteln.

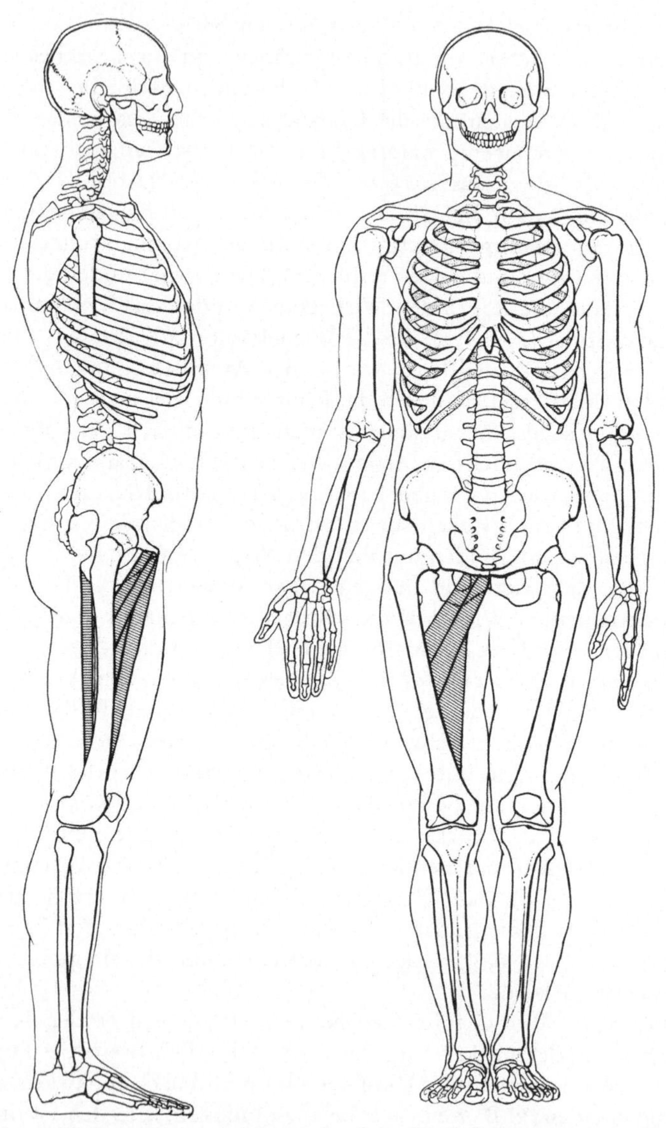

Abb. 17. Skelett von vorn und von der Seite. Nach P. Richer. Am rechten Bein Musculi adductores schematisch eingezeichnet. Etwa $^1/_{12}$ nat. Gr.

Die Wirbelsäule verläuft nicht gerade, sondern hat mehrere Biegungen (Abb. 17), im Hals- und Lendenbereich nach vorn, im Brust- und Kreuzbereich nach hinten. Das hängt mit unserem aufrechten Gang zusammen, die Wirbelsäule des Neugeborenen ist noch gerade gestreckt, die der Säugetiere hat nur zwei Biegungen, eine an der Grenze von Hals- und Brustwirbelsäule, die andere im Lenden- und Kreuzbereich (Kruppe).

Am unteren Ende der Wirbelsäule ist an das Kreuzbein jederseits das *Hüftbein* angefügt, auf dessen oberen Rand wir bei

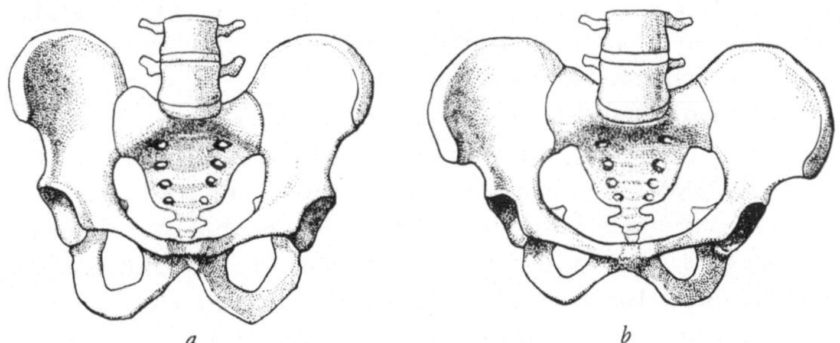

Abb. 18. Männliches (*a*) und weibliches (*b*) Becken. Etwa $^1/_6$ nat. Gr.

„Hüften fest!" die Hand legen. Die beiden Hüftbeine stoßen vorn in der Schamfuge aneinander und bilden mit dem Kreuzbein das *Becken* (Abb. 18), das die Harnblase und den Enddarm beherbergt, bei der Frau noch die Gebärmutter. Der obere Teil der Hüftbeine ist nach außen umgelegt, das sind die Beckenschaufeln, der untere Teil bildet zusammen mit dem Kreuzbein das kleine Becken, die Schaufeln begrenzen das große. Bei Mann und Frau ist das Becken verschieden geformt, das weibliche ist im ganzen breiter, das kleine Becken weiter für den Durchtritt des Kindes bei der Geburt. Der Breite des Beckens entsprechend ist bei der Frau die Hüftbreite größer als die Achselbreite, beim Manne umgekehrt.

An ihrer Außenseite tragen die Hüftbeine eine napfförmige Vertiefung für den Kopf des Oberschenkelknochens. Wenn der Napf, die Hüftpfanne, aus fehlerhafter Anlage zu klein ist, rutscht bei den ersten Gehversuchen des Kindes der Kopf des Oberschenkels von der Pfanne nach oben, und das Kind hat eine Hüftluxation.

An dieser schweren Gehstörung ist erkennbar, wie wichtig ein festes Hüftgelenk für das Gehen ist. Es ist eines der festesten Gelenke unseres Körpers. Die Pfanne, noch vertieft durch einen faserknorpligen Ring auf ihrem Rande, umfaßt den Oberschenkelkopf bis über seinen Äquator hinaus. Daher kann die Auskugelung nur durch sehr große Gewalt zustande kommen und ist entsprechend selten. Aber dicht neben dem Gelenk findet sich eine schwache Stelle, der *Schenkelhals*, die Verbindung des Oberschenkelkopfes mit dem Schaft. So stabil das Hüftgelenk gebaut ist, so leicht der Schenkelhals. Alte Menschen, die an Gelenkigkeit verloren haben und daher steif und ungeschickt hinfallen, sind stets vom Schenkelhalsbruch bedroht.

Der Schenkelhals ist wie alle unsere Knochen in Leichtbauweise ausgeführt (Abb. 19), die wir vom Eiffelturm und von den Baukranen her kennen. Es ist das Minimum-Maximum-Prinzip, bei welchem mit einem Minimum an Material und Energie ein Maximum an Leistung erzielt wird. Wären unsere Knochen massiv gebaut wie ein Betonklotz oder wie die Säulentrommeln eines griechischen Tempels, so würde viel mehr Knochenmaterial zu ihrem Aufbau gebraucht, und es würde mehr Kraft aufgewendet werden müssen, um diese schwereren Knochen zu bewegen. Dazu müßten die Muskeln größer und stärker sein, die größeren Muskeln würden zu ihrer Befestigung größere Knochen brauchen, die größeren Knochen wieder größere Muskeln und so ohne Ende. Die größeren Muskeln würden aber auch für ihre Arbeit mehr Nahrung nötig haben, wir müßten mehr essen, Magen und Darm müßten mehr fassen können, Lungen und Herz ebenso, und so fort und fort. So weist der Leichtbau unserer Knochen darauf hin, wie fein alle unsere Organe aufeinander abgestimmt sind. Jede Änderung muß den ganzen Organismus beeinflussen. Unsere Knochen sind zwar nicht so leicht wie die der Vögel, die mit Luft gefüllt sind, aber sie sind ebenfalls hohl wie die der Säugetiere, nur nicht mit Luft gefüllt, sondern mit Knochenmark.

Ein langer Knochen wie die Arm- und Beinknochen ist kein Stab, sondern eine Röhre (Abb. 20). Ihre Wandstärke hängt von der Biegungsbeanspruchung ab, der sie bei ihrer Belastung unterworfen wird. Auf den Oberschenkelknochen drückt beim Gehen und Stehen das Gewicht unseres ganzen Körpers (auf beiden

Beinen zugleich stehen wir nur ausnahmsweise), die Wand seiner Röhre ist am dicksten dort, wo die Biegungsbeanspruchung am stärksten ist, ungefähr in der Mitte, so wie ein biegsamer Stock, wenn wir uns auf ihn stützen, am stärksten in der Mitte gebogen wird. Gegen die Enden hin nimmt die Biegung ab, und die Wand

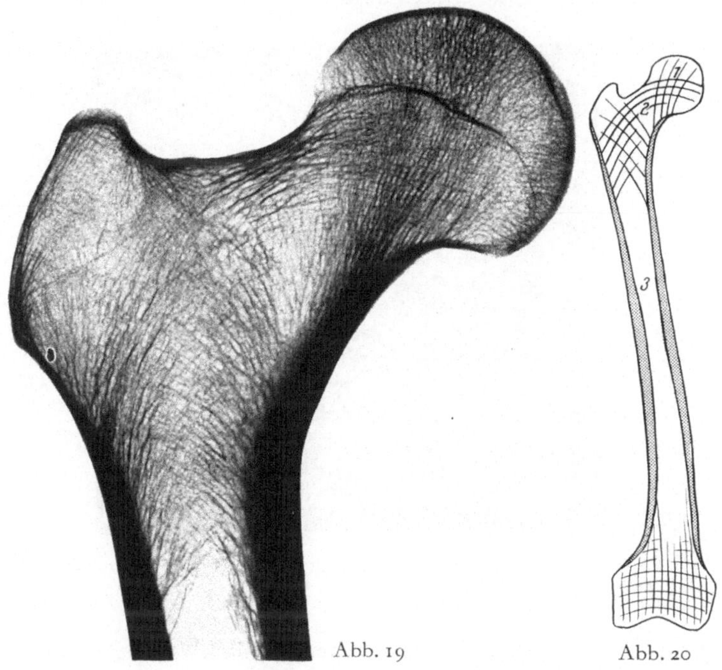

Abb. 19. Schenkelhals und -kopf, innere Struktur. Röntgenbild. $^4/_5$ nat. Gr. Von Prof. Fr. Pauwels, Aachen

Abb. 20. Oberschenkelknochen, Längsschnitt. *1* Schenkelkopf, *2* Schenkelhals *3* Schaft. Die schwammige Knochensubstanz grob schematisiert. $^1/_6$ nat. Gr.

der Knochenröhre wird entsprechend dünner (Abb. 19). Wie beim Stock die Hand auf den Griff drückt und die Spitze auf den Fußboden, so sind die Knochenenden auf Druck beansprucht. Dieser anderen Beanspruchung entsprechend sind sie anders gebaut. Anstelle der kompakten Röhrenwand findet sich ein schwammiger Bau, ein Maschen- und Gitterwerk aus zarten

Knochenbälkchen, -stäbchen und -plättchen, die vorwiegend in zwei Hauptrichtungen angeordnet sind, in der Richtung der Druckspannungen und in der dazu senkrechten. Außer den Enden der langen Knochen weisen die kurzen Knochen wie die Wirbelkörper (Abb. 21), Hand- und Fußwurzelknochen diese Struktur auf. Sie wird im Laufe des Wachstums unter der Be-

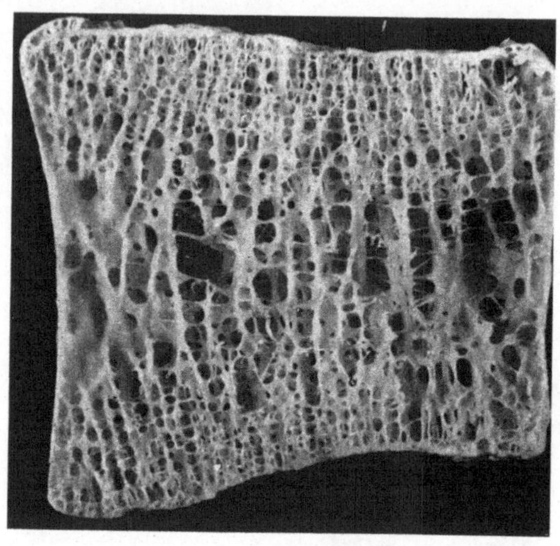

Abb. 21. Wirbelkörper, Schnitt in der Mittelebene. Schwammige Knochensubstanz. Vergrößerung 2fach. Von Prof. Fr. Pauwels, Aachen

anspruchung ausgebildet und weiterhin durch ständigen Umbau des Knochens so ausgeformt, daß ein spannungsfreies Balkenwerk erhalten wird oder wenigstens eins, in dem bei der Belastung möglichst geringe Spannungen auftreten. Eine mathematisch exakte Form kann freilich nie erreicht werden, denn jeder Knochen wird nicht bloß in einer einzigen Richtung belastet, sondern in verschiedenen, je nach der Körper- und Gliederstellung. Die lebendige Knochenstruktur kann immer nur eine Kompromißlösung sein.

Nun noch einiges über das Skelett von Arm und Bein! Im Grundplan sind sie beide gleich (Abb. 17), aber entsprechend ihrer verschiedenen Aufgabe sind sie ganz verschieden ausgeführt, das Bein als Stütze des ganzen Körpers schwer, tragfest, der Arm leicht als beweglicher Stiel der greifenden Hand. Diesen Stiel bilden der Oberarmknochen und die beiden Unterarmknochen Elle und Speiche (Abb. 77). An die Speiche angeschlossen ist die Hand durch zwei Reihen kleiner Handwurzelknochen (Abb. 22). An der zweiten Reihe setzen sich die fünf Mittelhandknochen an, die die Stütze des Handtellers bilden. Auf sie folgen die Fingerknochen, zwei für den Daumen, je drei für die übrigen Finger. Ähnlich das Bein: Oberschenkelknochen, Schienbein und Wadenbein mit den beiden Knöcheln, Fußwurzel-, Mittelfuß-, Zehenknochen, Fußwurzel- und Mittelfußknochen das Fußgewölbe bildend, von dem das nächste Kapitel berichten wird. Die Fußwurzelknochen sind entsprechend groß und kräftig, die Knochen der großen Zehe beträchtlich stärker als die der übrigen Zehen, da beim Gehen der Fuß über die große Zehe vom Boden abgewickelt wird. Mit dem Rumpf ist das Bein durch das Hüftgelenk verbunden, von dessen Festigkeit wir schon gehört haben. Alles am Bein ist auf Stabilität gebaut, der Arm in allen Teilen auf freie Beweglichkeit. Seine Verbindung mit dem Körper geschieht durch das Schulterblatt (Abb. 77), einen flachen dreieckigen Knochen, der in Muskeln aufgehängt (Abb. 38d) und nur durch eine Art Führungsstange, das Schlüsselbein, mit dem Brustbein verbunden ist.

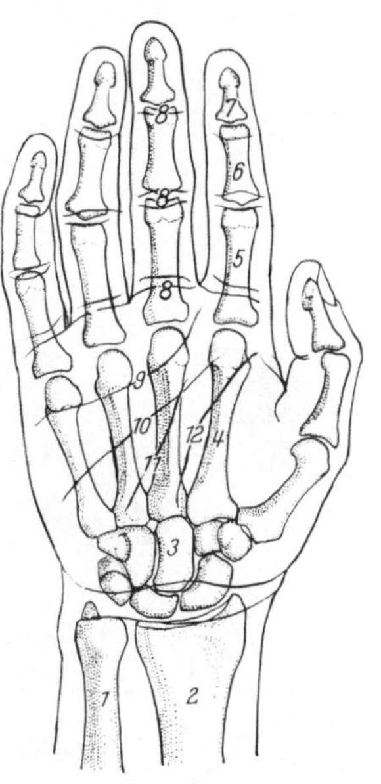

Abb. 22. Handskelett, von der Handfläche gesehen. Nach einem Röntgenbild. *1* Elle, *2* Speiche, *3* Handwurzelknochen, *4* Mittelhandknochen, *5* Grund-, *6* Mittel-, *7* Endglied, *8* Beugefurchen in der Haut der Finger, *9* Tischlinie, *10* Kopflinie, *11* Glückslinie, *12* Lebenslinie

Von allen Skelettstücken sind zwei die markantesten, der Oberschenkelknochen und der *Schädel*. Beide werden in den Beinhäusern aufbewahrt, beide stellen das Giftzeichen, das Warnzeichen für Todesgefahr dar. Und ist es ein Zufall, daß Hamlet über Yoricks Schädel seine Betrachtungen anstellt und Goethe über den Schädel Schillers? Der Schädel mit seiner kahlen hohen Stirn und seinen leeren Augenhöhlen ist Symbol des entschwundenen Lebens. Der Anatom freilich muß ihn nüchterner und sachlicher ansehen. Er unterscheidet und beschreibt an ihm den Gesichts- und den Gehirnschädel. Beide sind aus einer Anzahl von Knochen zusammengesetzt, die in der Jugend selbständig sind, später großenteils miteinander verwachsen.

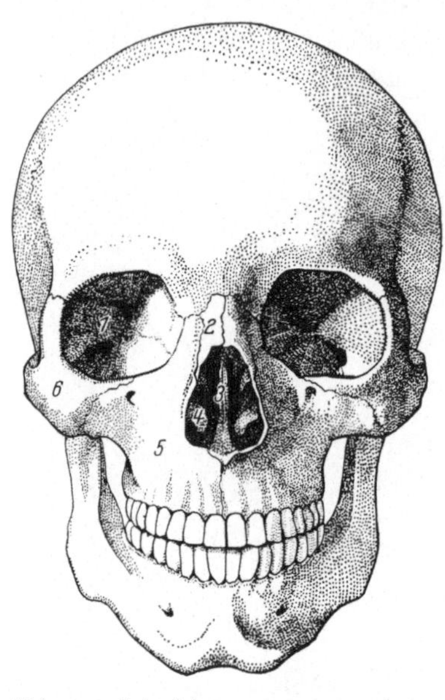

Abb. 23. Schädel, von vorn gesehen. $1/3$ nat. Gr. *1* rechte Augenhöhle, *2* rechtes Nasenbein, *3* Nasenscheidewand, *4* untere Nasenmuschel, *5* rechter Oberkiefer, *6* Jochbein

Die Knochen des Gesichtsschädels sind paarig und bilden die knöcherne Wand der Mund-, Nasen- und Augenhöhle. Die größten dieser paarigen Knochen sind die beiden Oberkieferknochen, die Träger der oberen Zähne. Mit einem plattenförmigen Fortsatz bilden rechter und linker Oberkiefer miteinander den *Gaumen*, der Mund- und Nasenhöhle voneinander trennt (Abb. 46). Er ist zugleich Dach der Mund- und Boden der Nasenhöhle. Nur die Säugetiere haben einen Gaumen, bei den übrigen Wirbeltieren sind Mund- und Nasenhöhle ein gemeinsamer Raum, ebenso beim menschlichen Embryo in frühen Stadien seiner Entwicklung. Infolge der paarigen Anlage des Oberkiefers und des Gaumens gibt es bei ihm Mißbildungen des verschiedensten Grades vom zweizipfligen Zäpfchen bis zum *Wolfsrachen*, dem gespaltenen Gaumen. Auch die Oberlippe kann gespalten sein, durch eine *Hasenscharte*, die darauf zurückzuführen ist, daß sie aus drei Teilen entsteht, einem mittleren und zwei seitlichen.

Der Gehirnschädel ist aus wenigen schalenförmigen Knochen zusammengesetzt, die durch „Nähte“ miteinander verbunden sind. Beim Neugeborenen erreichen die Ränder der Knochen einander noch nicht, und an einigen Stellen bleiben größere Lücken zwischen ihnen, die *Fontanellen*, die größte vorn zwischen Stirn- und Scheitelbeinen (Abb. 24). Die Knochen sind noch gegeneinander verschieblich, dadurch konnte sich der Schädel der Form des

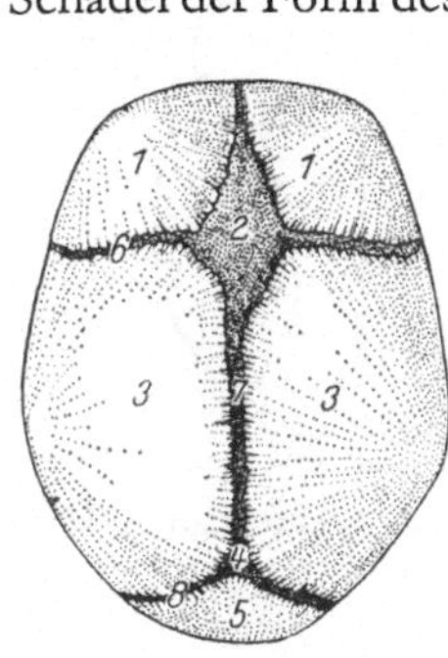
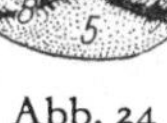

Abb. 24

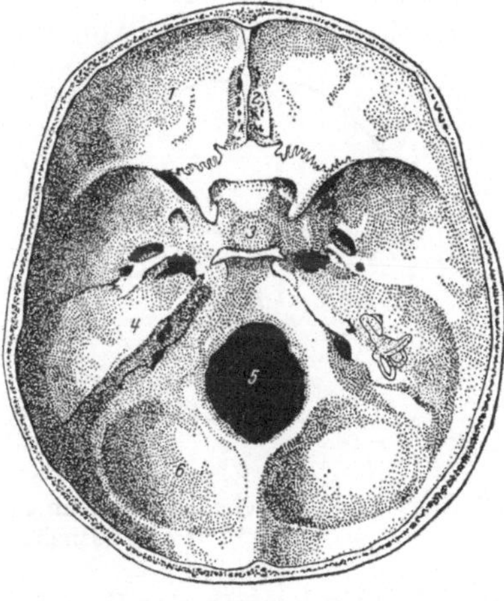

Abb. 25

Abb. 24. Schädel vom Neugeborenen, von oben gesehen. *1* Stirnbeine, später zu einem einheitlichen Knochen verwachsen, *2* Stirnfontanelle, *3* Scheitelbeine, *4* Hinterhauptsfontanelle, *5* Hinterhauptsbein, *6* spätere Kranznaht, *7* spätere Pfeilnaht, *8* spätere Lambdanaht. 1/3 nat. Gr.

Abb. 25. Schädelbasis, Schädeldach weggenommen. *1* Stirnbein, Dach der Augenhöhle, *2* Siebbein, *3* Türkensattel, *4* Felsenbein, *5* großes Hinterhauptsloch, *6* Kleinhirngrube des Hinterhauptsbeins. 1/3 nat. Gr. In das rechte Felsenbein sind Schnecke und Bogengänge des Gehörorganes eingezeichnet

engen Geburtskanales anpassen. Ein Verspannungssystem aus sehnigen Platten im Inneren verhütet eine zu starke Verformung, die zu Schädigung des Gehirnes führen könnte. — Wird der Schädel eröffnet und das Gehirn herausgenommen, hat man die *Schädelbasis* vor sich (Abb. 25). Sie weist eine Anzahl Öffnungen auf für den Durchtritt von Nerven und Blutgefäßen und im rückwärtigen Teil das große Hinterhauptsloch, durch welches sich das Gehirn in das Rückenmark fortsetzt. Zwei Einsprünge, wie schlanke Pyramiden geformt, und wegen der besonderen Härte ihres Knochens *Felsenbeine* genannt, beherbergen die Gehör- und Gleichgewichtsorgane.

Die Anthropologen haben, von der Anatomie ausgehend, bei ihren Rassenuntersuchungen eine eigene messende und wägende Wissenschaft vom Schädel entwickelt. Als elementares Beispiel für die Verschiedenheit der Schädelformen sei das Bild des Kurz- und Langschädels beigefügt (Abb. 26).

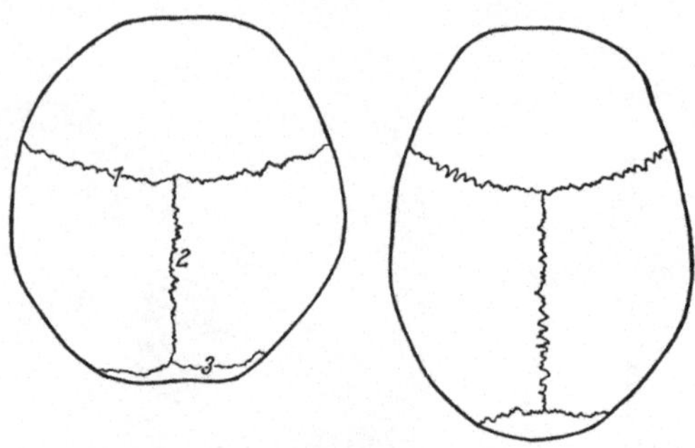

Abb. 26. Kurz- und Langschädel, von oben gesehen. *1* Kranznaht, *2* Pfeilnaht, *3* Lambdanaht

Von den Verbindungen der Knochen

Die sämtlichen Knochen bilden miteinander ein einheitliches Ganzes, und zwar dadurch, daß die Knochenhaut, in die jeder Knochen eingehüllt ist, sich ohne Unterbrechung von einem Knochen zum anderen fortsetzt (Abb. 29a), vom Scheitel bis zu den Finger- und Zehenspitzen. Sie zieht auch über die Bewegungsstellen, die Gelenke, hinweg, wo die Knochen selbst unterbrochen sind. Entweder sind sie durch einen Spalt getrennt oder durch Knorpel miteinander verbunden, so daß sie sich frei gegeneinander bewegen können oder nur federnd.

Ein Beispiel für die Verbindung, die nur Federung zuläßt, bietet die *Zwischenwirbelscheibe*, *Bandscheibe*, *Diskus* (Abb. 27), welche je zwei Wirbelkörper aneinanderheftet. Sie besteht aus Faserknorpel, dessen starke Bündel kollagener Fasern in zwei sich überkreuzenden Richtungen schräg von einem Wirbelkörper zum anderen ziehen, so daß in jeder Stellung genügend Fasern zum Zusammenhalten gespannt sind. Im Inneren enthält die Scheibe einen fast flüssigen Gallertkern (Abb. 28), der wie ein Wasserkissen die Stöße auffängt, denen die Wirbelsäule beim Aufspringen, aber auch beim einfachen Gehen und Laufen ausgesetzt ist. Unter der Belastung bei der aufrechten Haltung verliert er im Laufe des Tages etwas Wasser. Bei den 23 Zwischenscheiben macht das so viel aus, daß der Mensch am Abend ½ bis 1 Zentimeter kürzer ist als am Morgen, und nach längerem Krankenlager ist er gewachsen, weil sich die Gallertkerne stärker haben mit Wasser auffüllen können.

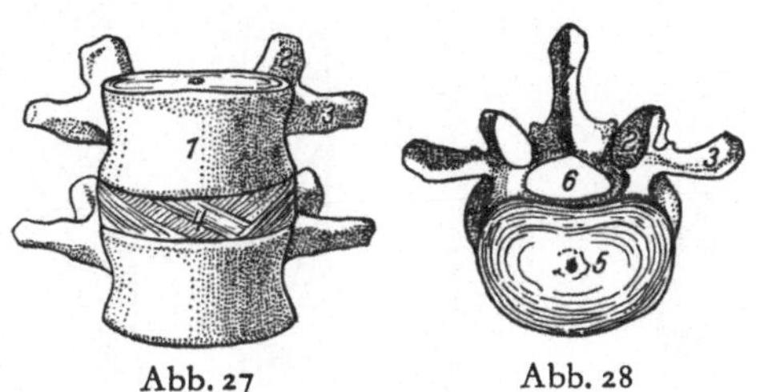

Abb. 27 Abb. 28

Abb. 27 u. 28. Zwischenwirbelscheibe von vorn und von oben. ⅓ nat. Gr. *1* Wirbelkörper, *2* Gelenkfortsatz, *3* Querfortsatz, *4* Zwischenwirbelscheibe, *5* Gallertkern, *6* Wirbelkanal, *7* Dornfortsatz

Bei den frei beweglichen Verbindungen, den echten *Gelenken*, sind die Knochen durch den Gelenkspalt voneinander getrennt (Abb. 29a). Nur die Knochenhaut setzt sich ununterbrochen fort und bildet die Gelenkkapsel, die das Gelenk nach außen abschließt. Sie ist innen von einem ganz flachen Epithel überzogen, das die Gelenkschmiere produziert, eine fadenziehende Eiweißlösung, die wie das Öl wirkt, das wir in die Gelenke unserer Maschinen gießen. Bei den meisten Gelenken sind in die Kapsel derbe Bündel kollagener Fasern in Streifenform eingelagert, die Gelenkbänder (Abb. 30), von den Bänderzerrungen bei Verstauchungen her bekannt. Die im Gelenk zusammentretenden Knochenenden sind von einer dünnen Knorpelschicht überzogen, die harte Stöße abfedert, außerdem die Flächen glatt macht. Durch die Gelenkschmiere wird ein Höchstmaß an Glätte erreicht, sodaß die Bewegungen ohne jeden Kraftverlust durch Reibungswiderstand vor sich gehen können. Die Knorpelüberzüge sind zudem reibungsfest, was der Knochen nicht ist. Gehen sie bei einer Gelenkerkrankung verloren, dann bewegt sich Knochen gegen Knochen, was man als Krachen spürt. Dabei werden die Knochenenden mehr und mehr abgerieben. Der Beanspruchung durch Reibung (Abscherung) kann der Knochen nicht widerstehen. Er ist auch sonst empfindlicher, als man bei seiner Härte annehmen möchte. So verträgt er keinen Druck, der ihn von der Seite her trifft statt in der Längsrichtung. Einer ihm anliegenden Schlagader weicht er aus, indem so viel von ihm abgebaut wird, daß ihn der Pulsschlag nicht mehr erreicht. So kommen die Gefäßfurchen an den

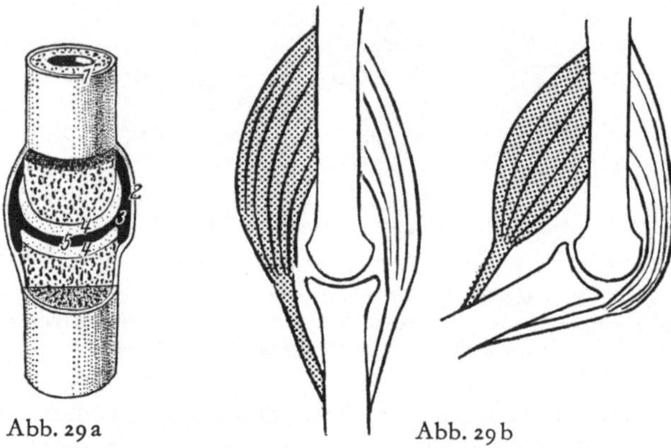

Abb. 29a Abb. 29b

Abb. 29a u. b. a Schema eines Gelenkes. *1* Knochen mit Knochenhaut, *2* Gelenkkapsel, *3* Gelenkhöhle, *4* Gelenkknorpel, *5* Gelenkspalt. b Schema für Wirker und Gegenwirker bei Beugung und Streckung

Schädelknochen zustande und die schweren Veränderungen an den Wirbeln bei krankhafter Vergrößerung der Aorta. Bei den Zähnen werden wir noch Weiteres davon hören.

Seit langer Zeit unterscheidet man nach der Gestalt der Gelenkflächen verschiedene Formen der Gelenke: Kugelgelenke, Zylinder- oder Scharniergelenke, Eigelenke usw. Solange man überzeugt war, daß zwischen Form und Funktion ein zwingender Zusammenhang besteht, hatte man die Vorstellung, daß durch die Form der Gelenkflächen die Bewegungen in den Gelenken bestimmt würden. Für einige wenige Gelenke trifft dies auch wirklich zu, wie für das Ellbogengelenk und das Sprunggelenk. Bei den allermeisten Gelenken aber werden Art und Umfang der Bewegungen durch die bewegenden Muskeln geregelt, bei manchen auch noch durch besondere Führungs- oder Hemmungseinrichtungen, welche die an sich möglichen Bewegungen einschränken. So werden an den Gelenken unserer Fingerknöchel, die der Form nach Kugelgelenke sind, die freien Bewegungen durch Bänder fast ganz auf reines Beugen und Strecken, also Scharnierbewegungen, eingeengt. Ein mächtiges Band in der Vorderwand des Hüftgelenkes begrenzt die Bewegung nach rückwärts und verhindert das Hintenüberkippen des Beckens und damit des Körpers. Nirgends gibt es in den natürlichen Gelenken den starren Zwangslauf der Gelenke unserer Technik, die Natur verfährt sehr frei mit ihnen, nützt für gewöhnlich den an sich möglichen Umfang der Bewegungen nicht vollkommen aus und erhöht andererseits bei manchen Gelenken die begrenzte Möglichkeit dadurch, daß sie die Gelenkflächen nicht aufeinander gleiten läßt, sondern sie voneinander abhebelt, den Flächenschluß aufhebt, wie es in der Technik heißt. Unser Körper ist in keiner Beziehung eine Maschine, jedoch sind wir bei der Begrenztheit unserer Einsicht und Vorstellungskraft gezwungen, zum Verständnis unseres Organismus technische Lösungen vergleichsweise heranzuziehen. Aber wir wollen uns durch solche Vergleiche nicht dazu verführen lassen, die lebendigen Formen und das lebendige Geschehen einfacher und unproblematischer zu sehen als sie in Wirklichkeit sind. Eine mathematisch exakte Form der Gelenke zu verlangen und danach die Bewegungen und die Wirkung jedes einzelnen Muskels zu berechnen, ist wider die Natur.

Wären unsere Gelenke mathematisch exakt geformt und ihre Bewegungen dadurch genau festgelegt, so wäre die ganze Mannigfaltigkeit unserer Haltungen, Stellungen und Bewegungen unmöglich, es gäbe weder Sportler noch Balletteusen. Nur die Freiläufigkeit der Gelenke erlaubt das freie Spiel von Rumpf und Gliedern. Unwillkürlich verteilen wir jede Bewegung auf eine ganze Anzahl von Gelenken. Der Diskuswerfer wirft die Scheibe nicht bloß mit dem Arm, sondern nimmt den Schwung aus den Kniegelenken, ja, aus dem ganzen Körper. In Knie- und Fußgelenken schwingt und wiegt er sich hin und her, ehe er zum Abwurf sich dreht und sich streckt. Das geht bei den *Kniegelenken* nur dadurch, daß sie keine reinen Scharniergelenke sind. Wenn wir sie beim Gehen, beim Treppensteigen oder im Sitzen beim Pendeln des

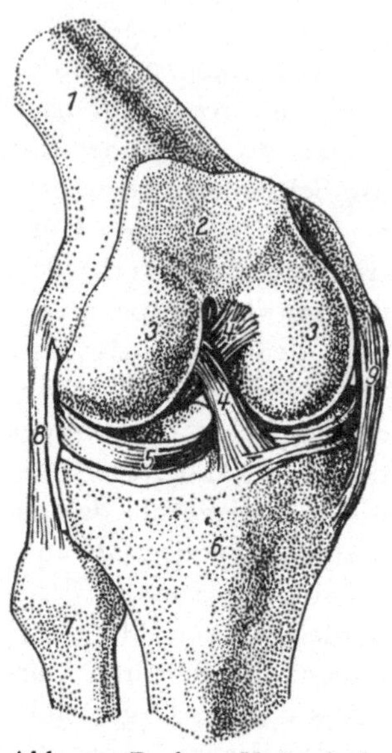

Abb. 30. Rechtes Kniegelenk, von vorn gesehen. Kniescheibe und Gelenkkapsel entfernt. *1* Oberschenkelknochen, *2* Gelenkfläche für die Kniescheibe, *3* Gelenkrollen für das Schienbein, *4* Kreuzbänder, *5* rechter und linker Meniskus, *6* Schienbein, *7* Wadenbein, *8* äußeres, *9* inneres Seitenband. ½ nat. Gr.

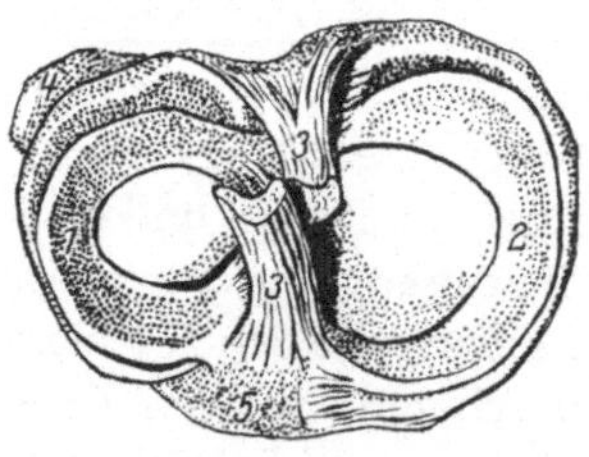

Abb. 31. Meniski des rechten Kniegelenkes, von oben gesehen. *1* äußerer, *2* innerer Meniskus, *3* Kreuzbänder, *4* oberes Ende des Wadenbeines, *5* Schienbein. ½ nat. Gr.

Unterschenkels betrachten, sehen wir nur reines Beugen und Strecken wie in einem Scharnier, keine seitliche Bewegung, keine Drehung. Beugen wir das Knie, können wir in geringem Maße den Unterschenkel gegen den Oberschenkel drehen, indem wir die Fußspitze nach innen und nach außen schwenken. Gegenüber der Hauptbewegung des Beugens und Streckens ist dieses Drehen unbedeutend, und doch ermöglicht eben diese kleine Abweichung von einem Zwangslauf jene elastische Bewegung in den Knien beim Diskuswerfen. In der Streckstellung ist das Kniegelenk völlig steif infolge Straffung der Bänder. Sehen wir in ein von vorn eröffnetes Kniegelenk hinein (Abb. 30), finden wir eine sehr überraschende Konstruktion. Der Oberschenkel trägt zwei schmale rollenförmige Gelenkkörper, die auf zwei ganz flachen Tellern des Schienbeins aufliegen (Abb. 31). Die Gelenkflächen passen ganz und gar nicht zueinander. Auf jedem Teller des Schienbeins liegt ein faserknorpliger Ring *(Meniskus)*. Seine Bedeutung ist unbekannt, er ist zur Not entbehrlich, jedenfalls kann er ohne nennenswerte Schädigung der Gelenkfunktion entfernt werden. Die beiden Meniski sind nach der Mitte zu nicht ganz geschlossen und mit ihren Enden vorn und hinten am Knochen angewachsen, im übrigen beweglich, so daß sie bei den

Bewegungen im Gelenk mitgehen. In der Höhle zwischen den beiden Rollen des Oberschenkels sieht man zwei sich kreuzende dicke Bänder, die Kreuzbänder, die verhüten, daß der Oberschenkel vom Schienbein abrutscht. Bei der Kniebeuge oder gar beim Aufspringen in Kniebeuge müßte das sonst unweigerlich geschehen. Rechts und links ziehen die Seitenbänder vom Oberschenkel zum Schienbein und Wadenbein. In der Streckstellung sind sie gespannt, so daß das Gelenk festgestellt ist, in der Beugestellung sind sie etwas erschlafft und erlauben die leichte Drehbewegung, von der die Rede war.

Bei dieser kühnen Konstruktion ist es nicht verwunderlich, daß bei plötzlichen heftigen Bewegungen Verletzungen der Meniski oder der Bänder vorkommen. Skilauf und Fußballspiel sind ja von der Natur nicht eingeplant. Sie hat zwar über die Knochen und die Gelenke zum Schutz vor Brüchen und anderen Verletzungen die blitzschnell reagierenden Muskeln gesetzt, aber auch sie können einmal überrumpelt werden.

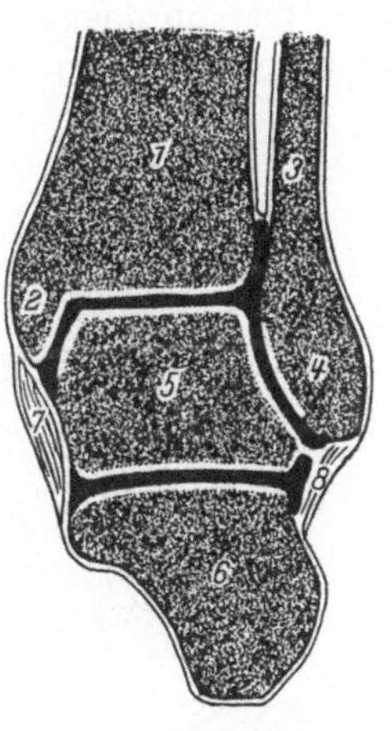

Abb. 32. Knöchelgelenk. Schnitt in einer zur Stirn parallelen Ebene. *1* Schienbein, *2* innerer Knöchel, *3* Wadenbein, *4* äußerer Knöchel, *5* Sprungbein, *6* Fersenbein, *7* inneres, *8* äußeres Seitenband. ½ nat. Gr.

Gegenüber dem frei gebauten Kniegelenk ist das Fuß- oder *Sprunggelenk* das denkbar festeste Scharniergelenk. Die beiden Unterschenkelknochen, Schienbein und Wadenbein, sind am unteren Ende zu den Knöcheln verbreitert und zu einer federnden Gabel zusammengefügt (Abb. 32). In die Gabel ist die Rolle des Sprungbeins eingesetzt. Sie ist in ihrem hinteren Abschnitt etwas schmaler als im vorderen und paßt mit ihm bei gesenkter Fußspitze genau in die Knöchelgabel hinein. Wird die Fußspitze gehoben, bis der Fuß einen rechten Winkel mit dem Unterschenkel bildet, wie es beim Stehen der Fall ist, so wird die Rolle mit ihrem zunehmend breiteren Teil immer mehr in die federnde Gabel eingeklemmt und der Fuß festgestellt, wie das Kniegelenk in der

Streckstellung durch die gespannten Seitenbänder festgestellt wird. Irgendeine andere als die Scharnierbewegung, also Heben und Senken der Fußspitze, ist im Sprunggelenk in keiner Stellung möglich, alle anderen Bewegungen, die insgesamt das Fußrollen ergeben, finden in den Gelenken zwischen den Fußwurzelknochen statt. Das Sprunggelenk ist durch Seitenbänder sehr stark gesichert, sodaß beim Umknicken des Fußes das Sprungbein nicht

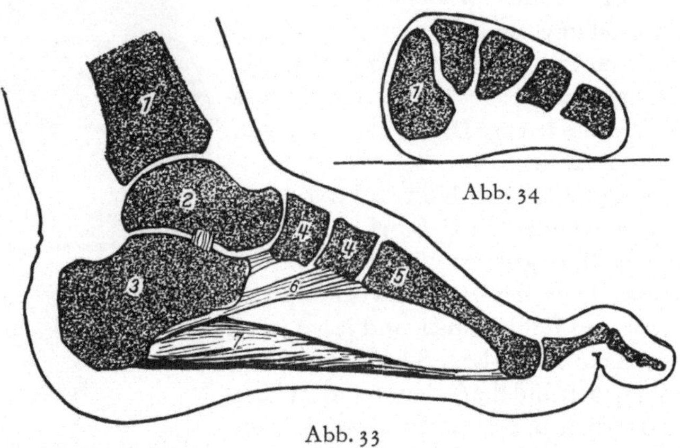

Abb. 34

Abb. 33

Abb. 33. Fußgewölbe. Längsschnitt durch die 2. Zehe, etwas schematisiert. *1* Schienbein, *2* Sprungbein, *3* Fersenbein, *4* Fußwurzelknochen, *5* Mittelfußknochen, *6* Längsband der Fußsohle, *7* kurzer Muskel der Fußsohle

Abb. 34. Quergewölbe des Fußes. Querschnitt durch die Mittelfußknochen, halbschematisch. *1* Mittelfußknochen der großen Zehe

ausgerenkt wird. Wohl aber werden die Bänder gezerrt, wenn die gegenwirkenden Muskeln überrascht werden und nicht augenblicklich einsetzen, oder es wird ein Knöchel abgerissen oder abgesprengt. Das nennt man Verstauchung und Bänderzerrung bzw. Knöchelbruch.

Über das Sprungbein wird die Last des Körpers auf das *Fußgewölbe* (Abb. 33) übertragen, dessen höchsten Punkt das Sprungbein bildet. Es verteilt die Last nach zwei Richtungen, nach rückwärts auf das Fersenbein, nach vorn letztlich auf die fünf Mittelfußknochen. Der Höcker des Fersenbeins und die vorderen Enden der Mittelfußknochen stehen am Boden auf. Das Fußgewölbe ist eine federnde Konstruktion aus den Fußwurzel- und Mittelfußknochen. Die Bänder ihrer Gelenke halten es in seiner Form. Muskeln der Fußsohle, die vom Fersenbein zu den Zehen ziehen wie die Sehne eines Bogens, sichern es. Werden die Muskeln müde und erschlaffen sie, ist die Aufrechterhaltung des Gewölbes allein den Bändern überlassen. Bei Dauerbelastung geben sie nach, so daß das Gewölbe allmählich flacher und flacher und schließlich ganz aufgehoben wird (Plattfuß). Der Fuß ist nicht für dauerndes Stehen gebaut, sondern für Gehen und Laufen auf dem federnden Gewölbe. Außer der Wölbung in der Längsrichtung ist er auch in der queren Richtung gewölbt (Abb. 34). Das Quergewölbe ist nicht weniger wichtig. Sein Verlust, der Spreizfuß, macht ebenso wie der Plattfuß schmerzhafte Steh- und Gehstörungen.

Im Gegensatz zu den Knochen und Gelenken des Beines, die auf Belastung und Stabilität gebaut sind, sind die des Armes auf freie Beweglichkeit konstruiert. Die Gliederung in Oberarm, Unterarm und Hand ist die gleiche, aber die Knochen sind dünner und leichter, die Gelenke freier. Das *Schultergelenk* ist zwar wie das Hüftgelenk ein Kugelgelenk, aber die Gelenkpfanne am Schulterblatt ist klein und flach, der runde Kopf des Oberarmknochens berührt sie fast nur punktförmig. Die Gelenkkapsel ist schlaff, frei von Hemmungs- und Führungsbändern, das Gelenk wird nur durch Muskelzug zusammengehalten, allenfalls noch durch den Luftdruck. Der Bewegungsumfang ist groß, freilich nicht so groß, wie es äußerlich scheint. Den Arm bis zur Senkrechten hochzuheben ist im Schultergelenk allein unmöglich, dazu ist eine Drehung des Schulterblattes nötig. Schon bei der geringsten Bewegung des Armes wird es mitbewegt (Abb. 38c), wovon man sich leicht an sich selbst überzeugen kann, da sein hin- und hergehender unterer Winkel leicht mit der anderen Hand zu fühlen ist. Das Schulterblatt kann in ausgedehntem Maße auf dem Brustkorb verschoben und gedreht werden, z. B. durch Hochziehen der Schultern. Dabei ist die Führung durch das *Schlüsselbein* (Abb. 17) deutlich, das auf der einen Seite mit dem Schulterblatt, auf der anderen mit dem Brustbein gelenkig verbunden ist. Es ist durch die Haut fühlbar und auch sichtbar, da oberhalb von ihm die Haut zu einer Grube eingesunken ist. Vielen Säugetieren fehlt es, z. B. der Katze, die sich deshalb zur langen Wurst strecken oder zur Kugel zusammenrollen kann. Allen Säugetieren gemeinsam ist die große

Beweglichkeit des Schulterblattes und des Schultergelenkes gegenüber dem an der Wirbelsäule geradezu angeschmiedeten Hüftbein und dem durch Hemmungsbänder eingeschränkten Hüftgelenk. Fortbewegungsorgane sind lediglich die starken, stabilen Hinterbeine, die Vorderbeine sind nur Stützen. Säugetiere und Mensch sind wie Fahrzeuge mit Heckmotor.

Im *Ellbogengelenk* sind zwei Gelenke vereinigt, jedes für einen der beiden Unterarmknochen Elle und Speiche. Das eine, zwischen Elle und Oberarm, ist ein reines Scharniergelenk, in welchem der Arm lediglich gebeugt und gestreckt werden kann und nichts anderes. Die Elle ist an der Rückfläche des Unterarmes unter der Haut tastbar, von ihrem oberen Ende, mit dem wir den Ellbogen aufstützen, bis zum Handgelenk. Darum hat man sie früher als jederzeit zur Verfügung stehendes Längenmaß verwendet. Die Verbindung zwischen Speiche und Oberarm ist zwar der Form nach ein Kugelgelenk, aber von dessen vielen Bewegungsmöglichkeiten sind nur zwei ausgenutzt, das Beugen und Strecken gegen den Oberarm und die Drehbewegung gegen die Elle. Speiche und Elle sind an ihren Enden durch je ein Scharniergelenk miteinander verbunden. In der Ruhehaltung, bei herabhängendem Arm, sind beide Knochen gekreuzt. Durch eine Umwendbewegung werden sie parallel gestellt, die Handflächen sehen dann nach vorn oder oben. Die Umwendbewegung nützen wir aus beim Zu- und Aufschließen eines Schlosses, beim Herabdrücken der Türklinke, beim Eindrehen einer Schraube mit dem Schraubenzieher, beim Halten des Löffels und zahllosen anderen Bewegungen.

Die *Hand* ist nach dem gleichen Schema gebaut wie der Fuß: Handwurzel-, Mittelhand-, Fingerknochen (Abb. 22). Aber die Proportionen sind völlig anders, die Hand hat ja nichts vom Körper zu tragen. Die acht Handwurzelknochen sind kleine, unregelmäßig gestaltete Stücke, gelenkig miteinander verbunden und in zwei Reihen geordnet, von denen die erste mit der Speiche in Gelenkverbindung steht, so daß die Hand deren Umwendbewegung gegen die Elle mitmachen muß. An der zweiten Reihe sind die Mittelhandknochen federnd befestigt. Sie bilden ebenso wie die Handwurzelknochen in der Querrichtung der Hand ein federndes Gewölbe, welches den Druck beim festen Zupacken abfängt. Der Daumen nimmt gegenüber den vier übrigen Fingern eine Sonderstellung ein, er ist der kürzeste, aber beweglichste Finger. Sein Mittelhandknochen ist mit der Handwurzel in einem Gelenk mit großer Bewegungsfreiheit verbunden, so daß er dem Handteller und den übrigen Fingern gegenübergestellt werden und mit seiner Kuppe die Kuppe jedes anderen Fingers berühren kann. Dank der freien Beweglichkeit des Daumens ist die Hand eine Greifzange mit zwei Branchen, eine ist der Daumen, die andere die übrige Hand oder auch nur ein einzelner Finger, am häufigsten der Zeigefinger.

Von den Muskeln und den Bewegungen

Als wir in die Schule kamen, mußten wir als erstes das Stillsitzen lernen, das Widernatürlichste, das man von einem Kinde verlangen kann. Selbst dem Erwachsenen kann man es nicht zumuten. Wie lange sitzen wir denn wirklich still! Leben ist Bewegung, und unser Körper ist ständig in Bewegung, nicht bloß die einzelnen Zellen. Seine ganze Organisation beruht und ist angelegt auf Bewegung. Sie ist auch unentbehrlich für die Erhaltung unserer Körpertemperatur, die zu zwei Dritteln aus den chemischen Umsetzungen bei der Muskeltätigkeit stammt.

Die Bewegungen geschehen durch die *Muskeln* (Abb. 35). Muskeln, das ist das Fleisch, das wir von den Tieren kennen. Sie haben die besondere Fähigkeit, sich zu verkürzen, sich zu kontrahieren, und dadurch die Knochen, an denen sie befestigt sind, gegeneinander zu bewegen. Zieht sich der Bizeps zusammen, wird der Unterarm gegen den Oberarm bewegt. Die Muskeln sind aus Bündeln verschiedener Dicke zusammengesetzt (Abb. 36). Jedes Muskelbündel besteht aus den mikroskopisch feinen Muskelfasern, die ungefähr 0,05 Millimeter dick sind und eine ausgesprochene Querstreifung zeigen (quergestreifte Muskulatur). Im lebenden Zustand, bei Körpertemperatur, sind diese Muskelfasern so weich wie ein mäßig festes Gelee, und der Muskel würde auseinanderfließen, wenn er nicht durch ein Bindegewebsgerüst zusammengehalten würde. Eine Anzahl mikroskopischer Muskelfasern sind durch Bindegewebe zu einem Bündel vereinigt, die feinen Bündel zu gröberen und so fort bis zu den mit bloßem Auge erkennbaren Fleischfasern. Schließlich ist der ganze Muskel von einer bindegewebigen Haut umgeben, der *Muskelbinde* oder

Faszie. Mehrere Muskeln können dann noch durch eine Gruppenfaszie zusammengehalten sein, wodurch z. B. an Arm und Bein bei allen Bewegungen die runde Form des Gliedes gewahrt bleibt. Bei seiner Verkürzung wird der Muskel dicker und härter, wie wir

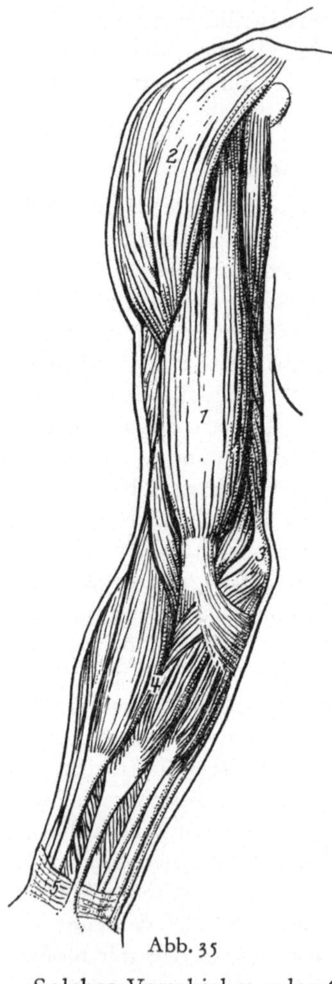

Abb. 35

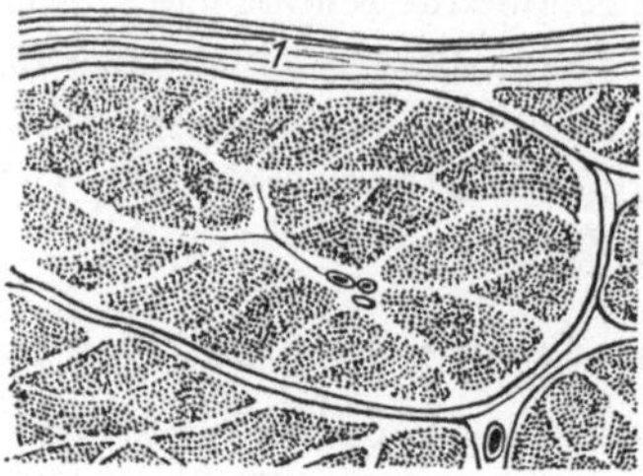

Abb. 36

Abb. 35. Muskeln des Armes, von vorn gesehen. *1* Bizeps, *2* Deltamuskel, *3* „Musikantenknochen", *4* Beugemuskeln des Handgelenkes und der Finger. *5* queres Handwurzelband

Abb. 36. Teil eines Muskelquerschnittes, etwa 10fach vergrößert. Die hellen Straßen enthalten lockeres Verschiebegewebe. *1* Faszie

vom Bizeps her wissen. Das Bindegewebsgerüst ist so konstruiert, daß es diese Verformung nicht behindert. Das hat zur Voraussetzung, daß sich die einzelnen Muskelfasern und Muskelbündel gegeneinander und gegen das Gerüst verschieben können. Allenthalben ist denn auch ein *Verschiebegewebe* zwischengeschaltet. Wird es nach einer Verletzung durch das feste Gewebe einer Narbe ersetzt, so werden trotz gesunder Muskeln und Gelenke die Bewegungen eingeschränkt oder auch ganz aufgehoben.

Solches Verschiebe- oder Gleitgewebe, das aus feinen Bindegewebsfasern und viel Gewebsflüssigkeit besteht, findet sich außer bei den Muskeln fast überall im Körper, wo sich weich gegen weich bewegt. Wo sich aber weich gegen hart verschiebt, z. B. eine flache Sehne gegen einen Knochen, ist nach Art eines Wasserkissens ein *Schleimbeutel* zwischengelagert, eine dünnwandige Blase mit wenig Flüssigkeit darin, der gleichen wie in den Gelenken. Einfaches Verschiebegewebe, Schleimbeutel und Fettgewebe ergänzen sich gegenseitig und können sich gegenseitig vertreten. Schleimbeutel oder plastische Fettläppchen können jederzeit im Verschiebegewebe gebildet werden, je nach Beanspruchung und Bedarf. Der Athlet hat viel mehr Schleimbeutel als der Stubenhocker. Wo eine Sehne bei den Bewegungen gebogen wird und sich reibt, wie auf der Beugeseite der Finger oder an einer bandartigen Verstärkung der Faszie, z. B. am Handgelenk, ist sie ringsum von einem Schleimbeutel umgeben, den man dann *Sehnenscheide* nennt (Abb. 37).

So wie das Verschiebegewebe naturnotwendig zum Muskel gehört, damit sich seine Teile gegeneinander und gegen die Umgebung reibungsfrei bewegen können, gehören unbedingt zu ihm die *Sehnen*, durch deren Vermittlung er an den Knochen befestigt ist. Jedenfalls hat die Natur keinen Leim erfunden, mit dem sie die wasserreichen Muskelfasern am Knochen festkleben könnte. Statt dessen hat sie kollagene Fasern verwendet, die sich einerseits mit den weichen Muskelfasern, andrerseits mit dem harten Knochen zugfest verbinden lassen. Jede mikroskopisch kleine quergestreifte Muskelfaser steckt wie in einem Strumpf von feinsten Bindegewebsfäserchen, die an

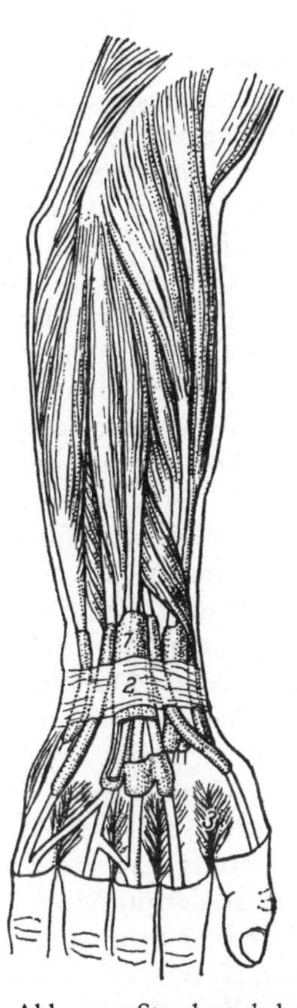

Abb. 37. Streckmuskeln für Handgelenk und Finger mit ihren Sehnenscheiden. *1* Sehnenscheide des gemeinsamen Streckers für 2.—4. Finger, unterhalb des queren Handwurzelbandes (*2*) eröffnet. *3* Zwischenknochenmuskeln

jedem ihrer Enden eine dünne Sehnenfaser bilden. Dieser Strumpf kann von der Muskelfaser nicht abgezogen werden, wie man vom Bein den Strumpf nicht abziehen kann, wenn man ihn nur am Ende bei den Zehen faßt. Diese feinsten Sehnenfasern werden wie ihre Muskelfasern zu Bündeln zusammengeschlossen und die Bündel zur Sehne. Bei der Entstehung des Knochens werden die Enden der Sehnenbündel in den Knochen sozusagen einzementiert. Den parallel geordneten kollagenen Fasern sind immer elastische Fasern beigemischt. Sie bewirken, daß im Ruhezustand die Sehnenfasern etwas entspannt und leicht gewellt sind, so daß auch bei schnellster Kontraktion des Muskels die Bewegung nicht ruckartig erfolgt, sondern weich anläuft.

Die Muskeln haben sehr verschiedene Größe und sehr verschiedene Form, abhängig von den örtlichen Verhältnissen. An Armen und Beinen können sie zylindrisch sein wie der Bizeps, in der Bauchwand nur flach, hautartig. Bei Bildung und Anordnung der Muskeln hält sich die Natur wie bei allen Organen nach Möglichkeit an stammesgeschichtlich überlieferte Formen, so wie sie die Gliederung des Rumpfskelettes in einzelne Wirbel beibehält, die sie einmal bei den ältesten Fischen in längst vergangenen Epochen der Erdgeschichte erfunden hat. Der menschlichen Eizelle erteilt sie bei der Befruchtung die Aufgabe, einen menschlichen Körper aufzubauen. Die Eizelle vollzieht diese Aufgabe, indem sie Schritt für Schritt nach einem Grundschema zunächst einen Wirbeltierembryo bildet, den sie dann weiter in den besonderen Typus Mensch überführt. Das alte Schema Wirbeltier ist dabei unentbehrlich, zu jeder Zeit ist der menschliche Embryo ein Wirbeltierembryo, so wie der fertige Mensch ein Wirbeltier und Säugetier ist, der alte Wirbeltierplan bleibt erhalten. Die Gliederung von Arm und Bein ist immer die gleiche, Magen und Darm, Gehirn und Nerven folgen immer wieder dem alten Grundplan. Der Architekt, selbst der kühnste, muß, ob er will oder nicht, alte Bauprinzipien wiederholen, Fundament, Mauern, Treppen, Türen, Fenster, davon kann er nicht absehen, daran ist er gebunden. Der Mensch ist keine freie Neukonstruktion, sondern eine Abwandlung des alten Baues Wirbeltier. Das äußert sich im Großen wie im Kleinen, in den alten Baumaterialien Zelle, kollagene Faser, Knorpel, wie in Form und Anordnung der Knochen und Muskeln.

Auch liegt das Herz nie im Vorderbein, die Leber nie im Kopf. So hat der Mensch die meisten seiner Knochen, Gelenke und Muskeln und die meisten anderen Organe mit den Säugetieren gemeinsam, nur in den Einzelheiten abgewandelt.

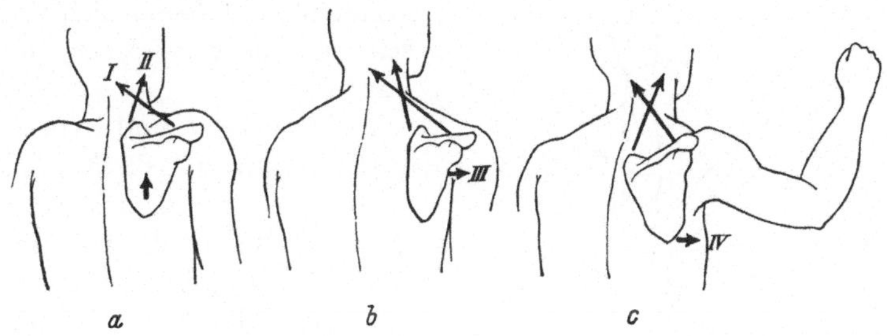

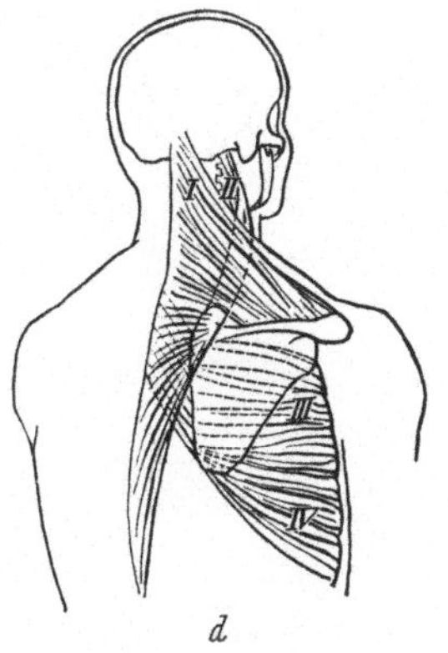

Abb. 38a—d. Bewegungen des Schulterblattes, *a* nach oben, *b* nach vorn, *c* Drehung beim Heben des Armes, *d* die zugehörigen Muskeln, Schulterblatt durchsichtig gedacht

Die einfachste Anordnung von Muskeln zeigt das reine Scharniergelenk, das lediglich Beuge- und Streckbewegung zuläßt wie das Gelenk zwischen Elle und Oberarmknochen. Auf der einen Seite liegt der Beugemuskel, z. B. der Bizeps, auf der Rückfläche der Streckmuskel (Abb. 29b). Zieht sich der Beugemuskel zusammen, muß der Streckmuskel nachgeben und umgekehrt, sonst wäre keine Bewegung möglich. Aber so einfach wie es aussieht, ist die Sache nicht. Umgreift man mit der anderen Hand den Oberarm, so fühlt man, daß beide Muskeln hart werden, d. h. sich zusammenziehen, also das Gegenteil von dem erwarteten Hartwerden des Beugemuskels und Weichwerden des nachgebenden Streckmuskels. Dieses scheinbar widersprechende Verhalten der Muskeln erklärt sich so: wenn ein Muskel sich zusammenzieht, tut es auch der entgegengesetzt wirkende, durch sein Gegenhalten führt er das Glied, verhütet schlenkernde und schleudernde Bewegung und macht, daß das Glied völlig glatt und sicher bewegt wird. Nur dadurch, daß die Gegenwirker der wirkenden Muskeln die

Bewegung zügeln und führen, kommen exakte Bewegungen zustande. Jedes Gelenk, ganz gleich welcher Form, verfügt für jede in ihm erfolgende Bewegung über Wirker und Gegenwirker, sonst gäbe es keine Handfertigkeit, und schreiben könnten wir vollends nicht, geschweige denn sprechen und singen.

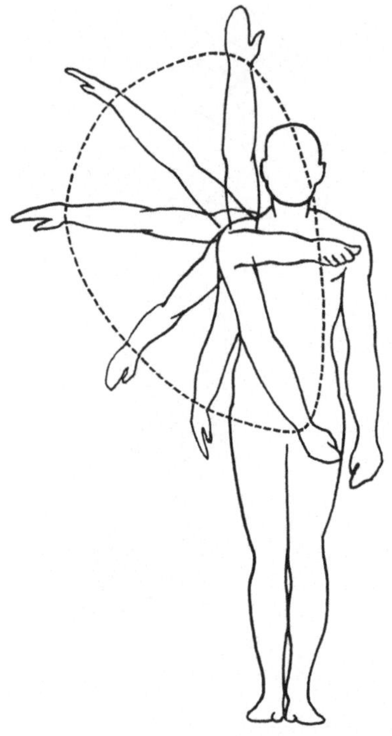

Abb. 39. Verkehrsraum des Armes und der Hand bei Bewegungen von Schultergelenk und Schulterblatt. Nach Mollier

Aus Wirkern und Gegenwirkern sind auch die Muskelzüge oder Muskelschlingen aufgebaut, in welche das Schulterblatt eingehängt ist (Abb. 38). Für Heben und Senken, Nachvorn- und Nach-rückwärts-Ziehen, und für das Drehen oder Schwenken nach der Mitte zu und nach außen sind solche Zügel vorhanden. In Wirklichkeit sind bei jeder Bewegung des Schulterblattes alle beteiligt, nur der eine mehr als der andere, je nach der Bewegung. Nie bewegen wir das Schulterblatt für sich allein, sondern immer nur zusammen mit dem Arm. Der Arm ist ein beweglicher Stiel für das Greif- und Tastorgan Hand, das Schulterblatt ist sein beweglicher Sockel.

Mit dem Schulterblatt ist der Arm durch das Schultergelenk verbunden, ein sehr freies Kugelgelenk. Die Abb. 39 zeigt den Bewegungsumfang des Armes im Schultergelenk zusammen mit dem des Schulterblattes. Innerhalb der begrenzenden Linie kann die Hand jeden Punkt erreichen. Dieser Verkehrsraum der Hand stimmt ziemlich genau mit der Grenze des Blickfeldes des Auges überein. Die Muskeln, die den Arm im Schultergelenk bewegen, ziehen vom Schulterblatt zum Oberarmknochen, nur zwei kommen vom Rumpf, der große Brustmuskel und der breite Rückenmuskel.

Für die Bewegungen unserer Hand, des vielseitigen Greif-, Tast-, Schreiborgans, mit ihren mehr als 20 Gelenken, steht die stattliche Zahl von 35 Muskeln zur Verfügung. 15 davon entspringen in der Umgebung des Ellbogengelenkes (Abb. 35, 37), man fühlt sie etwas unterhalb davon beim Bewegen der Finger. Fünf von ihnen sind Beuger und Strecker für das Handgelenk, zehn für die Finger. Von diesen gehören vier allein zum Daumen, die übrigen Finger haben zwei gemeinsame Beuger und einen gemeinsamen Strecker mit je vier Sehnen. Der Zeigefinger verfügt darüber hinaus über einen eigenen Streckmuskel, worauf seine besondere Eignung zum Zeigen beruht (nur nach rückwärts zeigen wir mit dem Daumen). In der Hand selbst liegen 19 kurze Muskeln, die die Finger beugen, strecken und spreizen können. Der Daumen ist am reichsten damit ausgestattet (Abb. 40). Im Gehirn ist Vorsorge getroffen, daß von diesem reichen Bewegungsapparat der mannigfaltigste Gebrauch gemacht werden kann. Die Hand ist das menschlichste aller Organe, in allem unserem Tun und Denken spielt sie eine entscheidende Rolle. Unbewußt bringen wir es in der Sprache zum deutlichen Ausdruck. Viele Wörter kommen unmittelbar von der Hand her: handeln, handlich, Handlung, Handwerk, Händler; viele von den Verrichtungen der Hand: greifen, fassen, nehmen, halten, griffig, faßlich, haltbar; ebenso schließlich Abstrakta wie Begriff, Auffassung, Unantastbarkeit. Von der Hand leitet sich auch die indogermanische Grundform für die Zahlworte zehn und hundert her.

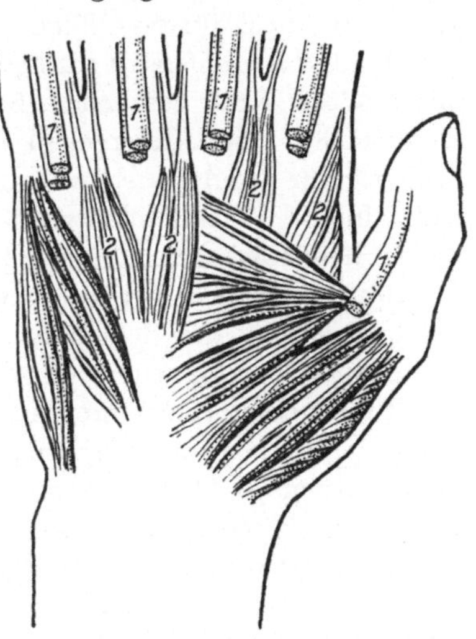

Abb. 40. Muskeln des Daumens und des Kleinfingerballens. *1* Sehnen der langen Fingerbeuger, *2* Zwischenknochenmuskeln (kurze Fingerbeuger)

Beide Hände sind gleich gebaut. Bestünde zwischen Bau und Funktion die vielfach angenommene eindeutige Beziehung, gäbe es keine Rechts- und Linkshändigkeit. Aber die eine Hand bekommt vom Gehirn andere Nervenimpulse als die andere, das Gehirn macht die Hände verschieden. Für die Beugebewegung der Finger, das Schließen der Greifzange, sind mehr von den Muskeln bestimmt als für das Öffnen. Die eigentliche Arbeitsbewegung der Hand, das Greifen, ist stärker mit Muskeln bedacht und kann mit größerer Kraft geschehen. Bei allen Gelenken gibt es diesen Unterschied. Beim Kiefergelenk ist es sogar so, daß eigene Muskeln nur für die Arbeitsbewegung, das Kauen, vorhanden sind, das Öffnen der Zahnreihen wird von fremden Muskeln besorgt, die mit dem Kiefergelenk unmittelbat gar nichts zu tun haben. An der ruhenden Hand, bei lose herabhängendem Arm, kann man das Überwiegen der Beugemuskeln ohne weiteres ablesen: die Finger sind etwas gebeugt, nie gestreckt. Ebenso ist der Mund in der Ruhe geschlossen. Alle Muskeln befinden sich dauernd in einem gewissen Spannungszustand, sie sind nicht schlaff wie bei einer Lähmung. Dieser Spannungszustand bewirkt die Ruhehaltung der Glieder, zusammen mit der Schwerkraft, die alle unsere Stellungen und Bewegungen wesentlich beeinflußt. Die *Schwerkraft* veranlaßt das Herabsinken der Arme, das Vornüberfallen des Kopfes beim Einnicken, das Umsinken bei der Ohnmacht.

Außer im Liegen ist unser Körper stets im labilen Gleichgewicht. Sein Massenschwerpunkt liegt in einer Ebene vor den Hüftgelenken und bedingt, daß beim Stehen der Körper durch die Schwerkraft nach vorn zu fallen droht. Eine eigene Muskelgruppe an der Innenfläche des Oberschenkels verhütet dies, indem sie das Becken und den Körper im Hüftgelenk auf dem Kopf des Oberschenkelknochens festhält (Abb. 17). Diese Muskeln haben zugleich die Aufgabe, das Auseinanderweichen der Beine zu verhüten, sie aneinander zu halten, weshalb sie Musculi adductores heißen. Jedem von uns sind schon auf glattem Boden die Beine nach der Seite weggerutscht, immer haben sie das Bestreben, auseinanderzuweichen. Es ist wie der Seitenschub des Gewölbes, die Beine sind die Säulen, das Becken das Gewölbe, auf dem die Last des Rumpfes ruht. An den gotischen Kirchen kann man studieren, wie die Baumeister mit dem Gewölbeschub fertig geworden sind. Gewölbeschub ist Wirkung der Schwerkraft, ihr muß bei jeder Bewegung und Haltung entgegengewirkt werden. Sie bedroht stets und ständig unser labiles Gleichgewicht. Nur dem Sportsmann ist sie eine unentbehrliche Hilfe. So benutzt sie der Sprinter als Helfer über seine ganzen 100 Meter. Wenn er beim Startschuß die Fingerspitzen vom Boden löst, zieht die Schwerkraft seinen

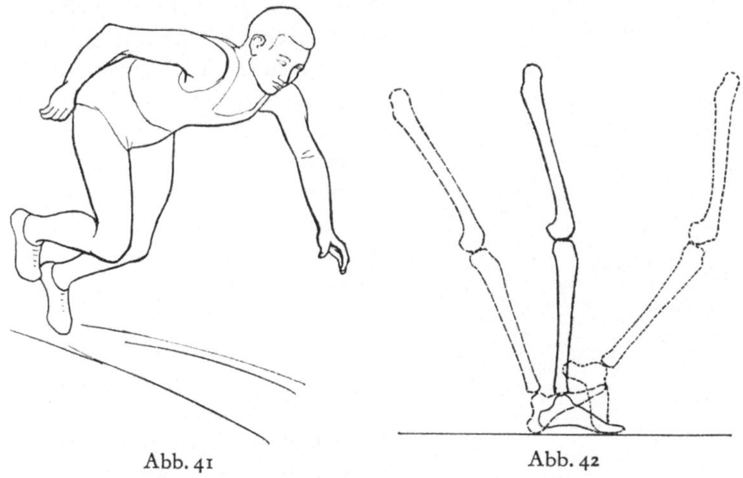

Abb. 41 Abb. 42

Abb. 41. 100-Meter-Lauf. Nach einer Photographie

Abb. 42. Aufsetzen und Abwickeln des Fußes beim Gehen. Nach O. Fischer

Körper nach vorwärts (Abb. 41), und der Körper würde fallen, wenn er nicht sofort von den Beinen unterfangen und gestützt würde. Aber kaum gestützt, ist er schon wieder im Vorwärtsfallen, wird für einen Augenblick unterfangen, stürzt wieder nach vorwärts und so fort.

Auch beim gewöhnlichen Gehen und Laufen lassen wir uns ähnlich von der Schwerkraft helfen. Aber sehen wir von ihr ab, so ist beides hauptsächlich Tätigkeit der Streckmuskeln des Beines. Die Vorwärtsbewegung des Körpers beginnt damit, daß die Ferse gehoben und der Fuß auf die Fußspitze gestellt wird (Abb. 42). Diese Bewegung wird begleitet vom Strecken des Knies und der Hüfte. Inzwischen wird das andere Bein als

Schwungbein nach vorn gebracht und macht alsbald die gleiche Bewegung. Wird die Ferse angehoben, muß der ganze Körper mitgehoben werden, die Streckmuskeln des Sprunggelenkes sind entsprechend kräftig. Sie bilden die Waden, wie sie nur der Mensch hat. Ein Querschnitt durch den Unterschenkel (Abb. 43) zeigt, wie die Stärke der Muskeln dem Heben des Körpergewichtes angepaßt ist. Ähnlich überwiegen am Oberschenkel die Muskeln für die Streckung des Kniegelenkes, die ja auch gegen die Last des ganzen Körpers erfolgen muß.

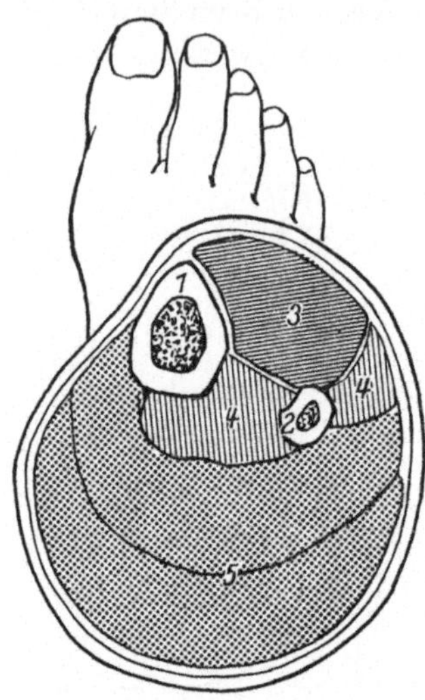

Abb. 43. Querschnitt durch den Unterschenkel oberhalb der Mitte. 1/3 nat. Gr. *1* Schienbein, *2* Wadenbein, *3* Streckmuskeln für Fuß und Zehen, *4* Beugemuskeln für Fuß und Zehen, *5* Wadenmuskeln

Die Schwerkraft ist nur einer der physikalischen Faktoren, die für unsere Bewegungen eine Rolle spielen. Sie mag als Beispiel für die übrigen stehen, die mit ihr zum Gegenstand der „Gliedermechanik“ gehören. Zugleich diene sie als Hinweis, daß es unmöglich ist, lediglich vom anatomischen Bau der Gelenke und Muskeln oder gar nur der Gelenke her die Bewegungen zu bestimmen. Niemals wird für eine Bewegung nur ein einziger Muskel in Tätigkeit gesetzt oder nur ein einziges Gelenk. Jede Bewegung wird ohne unser Wissen und Wollen auf eine Vielzahl von Muskeln und Gelenken verteilt. Ein Hexenschuß kann uns leicht davon überzeugen. Wie viele und welche Muskeln jeweils bei einer Bewegung in Tätigkeit treten, ist uns nicht bewußt. Wir geben unserem Gehirn die Weisung, welche Bewegung gemacht werden soll, und es veranlaßt alles Weitere ohne unser Zutun. Es wäre schlimm, wenn wir selbst die einzelnen Muskeln bestimmen und zusammenstellen müßten und jedem auch noch besondere Anweisung geben, mit welcher Kraft er sich zusammenziehen soll. Wie sollte denn der Pianist die Waldsteinsonate oder den Minutenwalzer spielen! Es ginge uns wie dem Tausendfuß, von dem uns ein boshafter Schriftsteller berichtet. Eine alte Kröte, die ihn nicht fressen kann, weil er zu hart und überdies für sie noch giftig ist, fragt ihn, ob er mit dem rechten oder linken 1. Fuß anfangen muß, wenn er vorwärts laufen will, welcher als 2., 3. usw. kommt, wann der 100., was dann der 2. macht und der 10., und wenn er beim 917. angelangt ist, ob er dann den 700. aufheben und den 39. niedersetzen muß. „Der Tausendfüßler blieb starr an den Boden geheftet und konnte hinfort kein Glied mehr rühren."

Über die Bauchmuskeln und das Zwerchfell siehe Atmungsorgane, über die mimische Muskulatur siehe Haut.

Von den Verdauungsorganen

Jede einzelne Zelle braucht für ihr Leben Sauerstoff und Nahrungsstoffe, sie muß atmen und Nahrung aufnehmen. Daß wir als Personen atmen, essen und trinken, geschieht nur, um die Zellen mit den lebensnotwendigen Stoffen zu versorgen. Freilich sind unsere Nahrungsmittel in der Form, in der wir sie zu uns nehmen, für die Zellen nicht verwendbar, weder Fleisch noch Fett noch Zucker und Mehl. Sie müssen zuvor verdaut werden. Dabei werden sie in einfachere chemische Verbindungen gespalten, die ins Blut aufgenommen werden können. Dies geschieht im Magen und Darm. Von da gelangt das Blut in die Leber, wo die Spaltprodukte zu neuen Verbindungen aufgebaut und teils sofort an den Blutkreislauf weitergegeben oder aber für später gespeichert werden. So bekommen die Körperzellen, was sie für ihr eigenes Leben und für den Aufbau von neuen Zellen zum Ersatz der abgestorbenen brauchen. Den ständigen Wandel im chemischen Abbau und Wiederaufbau nennt man *Stoffwechsel*. Er ist unter den im Körper gegebenen Temperatur- und Zeitverhältnissen nur möglich durch die Mitwirkung einer großen Zahl von Fermenten, Stoffen, welche die chemischen Umsetzungen außerordentlich beschleunigen. Die Verdauungsfermente, z. B. Lab und Pepsin, sind im Magen- und Darmsaft enthalten, der von den Drüsen des Magens und Darmes abgesondert wird. Die einzelnen Zellen haben für jede ihrer Verrichtungen ihre besonderen Fermente.

Die Verdauung beginnt in der *Mundhöhle*. Während der Bissen durch das Kauen zerkleinert wird, wird er zugleich mit Speichel durchtränkt. Dadurch wird er gleitfähig und kann außerdem im Magen leichter auseinanderfallen. Durch ein im Speichel enthaltenes Ferment wird Mehl in Zucker gespalten. Daher der alte Brauch, den Schnuller des Säuglings mit eingespeicheltem Brot zu füllen.

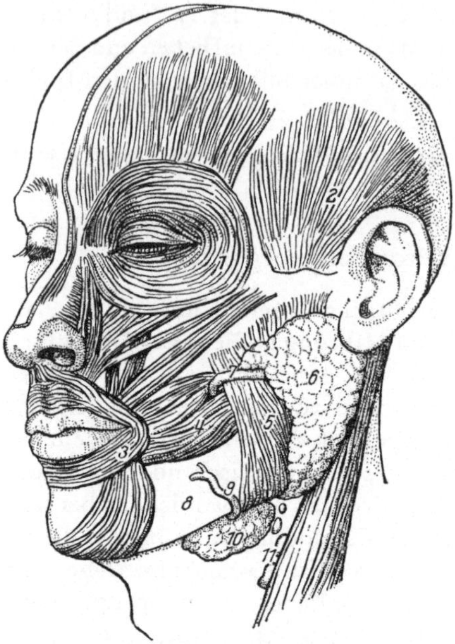

Abb. 44. Muskeln des Kopfes. *1* Ringmuskel des Auges, *2* Schläfenmuskel, *3* Ringmuskel des Mundes, *4* Wangenmuskel, *5* Kaumuskel, *6* Ohrspeicheldrüse, *7* deren Ausführungsgang, *8* Unterkiefer, *9* Gesichtsarterie am Unterkieferrand, *10* Unterkieferdrüse, *11* Lymphknoten

Der Speichel wird zum größten Teile in drei großen Drüsen gebildet, der Unterkiefer-, Unterzungen- und Ohrspeicheldrüse. Die *Unterkieferdrüse* (Abb. 44, 46) ist dem Knochen angelagert in der Gegend, wo am Kieferrande der Puls der Gesichtsschlagader zu fühlen ist. Die *Unterzungendrüse* liegt unter der Rinne zwischen Zunge und Unterkiefer (Abb. 46). Der gemeinsame Ausführgang beider Drüsen mündet unter der Zunge als punktförmige Öffnung auf einer rundlichen Erhabenheit neben dem Zungenbändchen. Die *Ohrspeicheldrüse* (Abb. 44) liegt mit ihrer Hauptmasse in dem tiefen Raum zwischen Ohr und Unterkieferwinkel, so daß ihre schmerzhafte Entzündung, der Ziegenpeter oder Mumps, das Öffnen des Mundes unmöglich machen kann. Ihr Ausführgang durchsetzt den Wangenmuskel und mündet an der Innenfläche der Backe. Der Speichel aus allen drei Drüsen sammelt sich in der Rinne zwischen Unterkiefer und Zunge, wo der Zahnarzt sein Röhrchen einhängt, durch das er den Speichel absaugt. Von hier aus wird er durch Zungenbewegungen in der Mundhöhle verteilt zur Befeuchtung von Zunge und Mundschleimhaut. Mit trockenem Munde können wir nicht sprechen (deshalb das Glas Wasser auf dem Rednerpult) und vollends nicht kauen.

Das Kauen ist eine kombinierte Bewegung von Wangen-, Lippen-, Zungen- und eigenen Kaumuskeln. In der Wange liegt ein Muskel (Abb. 44, 46), der beim Aufblasen der Backen gedehnt und gespannt wird, z. B. beim Posauneblasen. Er bildet die Wand der Backentaschen, kann sie entleeren und den Bissen, der in sie gelangt ist, zwischen die Zahnreihen zurückschieben. In den Lippen findet sich ein rings um die Mundöffnung herumführender Muskel. Der eine benutzt ihn zum Pfeifen, der andere zum Küssen, jeder beim Abbeißen, Kauen und Sprechen. Seine Gegenwirker treten von allen Seiten schräg an die Lippen heran. Sie können der Mundöffnung die verschiedensten Formen geben und stellen zusammen mit dem Kreismuskel der Lidspalte und den Muskeln der Stirn die *mimische Muskulatur* dar, d. h. die Muskulatur für das Mienenspiel, für den Anteil des Gesichtes an den Gebärden, die in der Hauptsache durch die Gesamthaltung und -bewegung des Körpers ausgedrückt werden. Im klassischen griechischen Theater trugen die Schauspieler Masken vor dem Gesicht, und erst vor wenigen Jahren habe ich bei italienischen Schauspielern ausdrucksvollstes Gebärdenspiel bei vorgehaltenen Masken gesehen. Alle Säugetiere haben die „mimische" Muskulatur in ihrer ursprünglichen Bedeutung für das Abrupfen, Beißen, Kauen, den Lidschluß, je nach Temperament aber auch für Zähnefletschen und andere Gesten. Sie ist mannigfach differenziert, z. B. im Rüssel des Schweines und des Elefanten oder in den Schließmuskeln der Nase und der Ohren beim Seehund. Ist bei einem Menschen die mimische Muskulatur einseitig gelähmt, wird das Gesicht schief, er kann die Kerze nicht mehr ausblasen, weil der Luftstrom schräg an ihr vorbeigeht, und beim Kauen füllt sich die gelähmte Backentasche mehr und mehr, die Hand muß sie ausdrücken, da der Backenmuskel versagt.

Beim Kauen ist unentbehrlich die *Zunge*. Sie schiebt die Bissen zwischen die Mahlzähne und hält sie dort fest, zusammen mit dem Backenmuskel (Abb. 46). Sie besteht ganz und gar aus Muskeln, die im Prinzip in drei aufeinander senkrechten Richtungen verlaufen, von vorn nach hinten, quer und senkrecht. An einer Scheibe Rindszunge auf dem Teller kann man sich leicht davon überzeugen. Man kann die Zunge lang und dünn machen, kurz und dick, mancher kann sie auch zur Rinne formen. Das sind Bewegungen dieser drei Binnenmuskeln. Sie werden vervollständigt durch Muskeln, die von außen, z. B. vom Unterkiefer, in die Zunge einstrahlen (Abb. 45). Sie bewirken das Herausstrecken und Zurückziehen. Der gemeinsamen Tätigkeit der Binnen- und Außenmuskeln verdanken wir die Zungenfertigkeit. Zu deren rechter Ausnutzung gehören freilich noch mancherlei Bewegungen des Kopfes und der Hände. Am lebhaften Sprechen ist mit dem Gestikulieren der ganze Körper beteiligt. Mit besonderen Bewegungen der Zunge untersuchen wir unwillkürlich die Beschaffenheit der Bissen, ob hart oder weich, heiß oder kalt, rund oder spitz. Beim Säugling ist sie das hauptsächlichste Sinnesorgan. Er steckt alles in den Mund, solange Auge, Ohr und tastende Hand noch nicht in Funktion sind. Beim Saugen dient sie ihm als Stempel wie der Kolben der Spritze beim Aufsaugen des Wassers. Wie sparsam ist doch die Natur bei ihren Konstruktionen, daß ein einziges Organ wie die Zunge zu so mannigfachen Funktionen verwendbar ist! Bei Säuglingen und Erwachsenen ist es gleich gebaut, aber das Nervensystem macht von diesem Bau ganz verschiedenen Gebrauch.

Die Zunge wirkt zusammen mit den *Kaumuskeln*. Deren sind jederseits vier. Drei Paare pressen quetschend die Zahnreihen aufeinander, das vierte bewegt zerreibend und mahlend den Unterkiefer nach der Seite hin und her. Von den drei erstgenannten sind zwei von außen bei ihrer Tätigkeit sicht- und fühlbar, der Schläfenmuskel und der Muskel, der vom Jochbogen zum Winkel des Unterkiefers zieht (Abb. 44). Beim Aufeinanderbeißen der Zähne kann man mit der Hand ihr Hartwerden fühlen wie das des Bizeps beim Beugen des Ellbogens. Für die Öffnung des Mundes gibt es keinen eigenen Muskel, das machen fremde Muskeln im Nebenamt.

Von der Mundhöhle und vom Schlunde

Von der Mundhöhle und von dem, was in ihr geschieht, wissen wir nun schon allerlei. An ihrem Boden liegt die Zunge, ihre Seitenwände sind die Wangen, ihr Dach ist der Gaumen (Abb. 46). Dieser hat eine feste knöcherne Grundlage außer im letzten Drittel (Abb. 45), dort besteht er aus Muskeln und ist beweglich. Daher spricht man vom harten und weichen *Gaumen*. Am weichen

Gaumen, dem *Gaumensegel*, sitzt das Zäpfchen (Abb. 12). Es besteht gleichfalls aus Muskeln. Bei deren Erschlaffung wird es lang und berührt den Zungengrund. Das ist sehr lästig, man muß es immer wieder wegschlucken. Vom weichen Gaumen ziehen jederseits zwei Falten bogenförmig nach abwärts, die *Gaumenbögen*. Zwischen ihnen liegen neben dem Zungengrund oder etwas tiefer die *Gaumenmandeln*. Sie gehören zu den lymphatischen Organen und sind bei diesen besprochen worden. Nicht selten werden sie so groß, daß sie sich in der Mitte berühren und Schluckbeschwerden machen, da sie den Eingang zum Schlunde verlegen. Denn sie liegen an der Grenze von Mundhöhle und Schlund, an der *Schlundenge*, die vom weichen Gaumen, den Gaumenbögen und dem Zungengrund gebildet wird. Durch sie tritt der Bissen beim Schlucken in den *Schlund* oder *Rachen*. Von ihm kann man nur einen kleinen Teil seiner Rückwand sehen. Außer von der Mundhöhle hat er einen Zugang von der Nasenhöhle her und führt nach abwärts in die Speiseröhre und in den Kehlkopf (Abb. 45). Er ist eine ausgesprochene Gefahrenstelle, in ihm kreuzen sich der Luftweg von der Nasenhöhle zum Kehlkopf und der Speiseweg von der Mundhöhle zur Speiseröhre. Deshalb kann man sich leicht verschlucken. Bei den Säugetieren ist dies nicht möglich, denn deren Kehlkopf steht oberhalb des Gaumens unmittelbar hinter der Nasenhöhle. Mit der gefahrbringenden Senkung des Kehlkopfes hat der Mensch die technische Voraussetzung für das Sprechen gewonnen, die Beweglichkeit des Kehlkopfes. Wenn der Bissen durch die Schlundenge tritt, liegen drei Wege vor ihm, der Weg in die Speiseröhre, in den Kehlkopf und, nach oben, in die Nasenhöhle (Abb. 45). Damit er den richtigen Weg läuft, ist für das Schlucken ein kompliziertes Bewegungsspiel nötig von vielen Muskeln, die alle auch anderen Bewegungen dienen. Das Gaumensegel wird gehoben und an die hintere Rachenwand angedrückt, dadurch wird der Weg zur Nasenhöhle verlegt. Der Kehlkopf wird unter den Zungengrund gestellt, wodurch sein Eingang verschlossen wird. So bleibt nur der Speiseweg offen. Eine bestimmte Stelle des Gehirns regelt diese lebenswichtigen Vorgänge mit großer Sicherheit und Präzision ohne unser Zutun. Aber gelegentlich sind wir so unvernünftig, durch eine andere Bewegung der beteiligten Muskeln in diesen feinen Mechanismus einzugreifen, z. B. durch

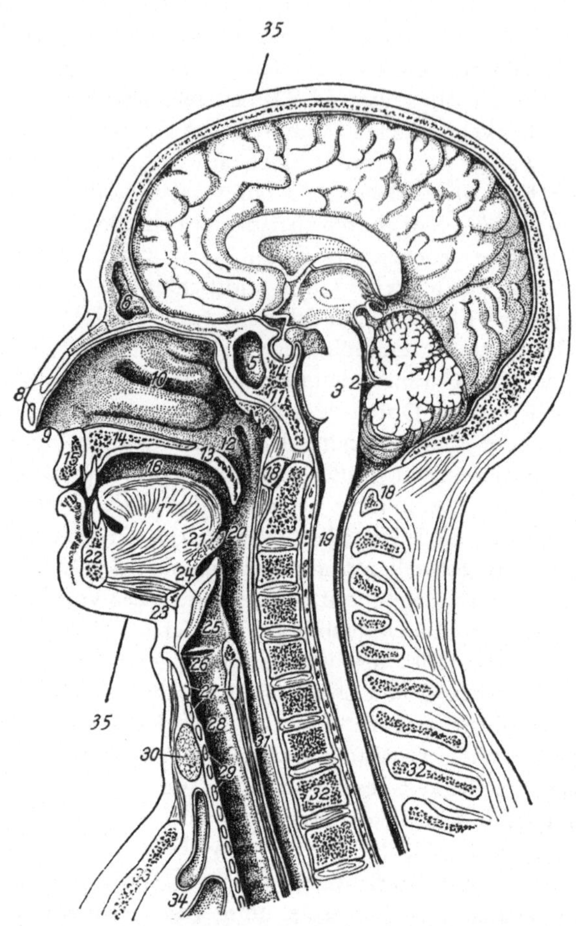

Abb. 45. Mittelschnitt durch Kopf und Hals. ⅓ nat. Gr. *1* Kleinhirn, *2* Hirnkammer des verlängerten Markes, *3* verlängertes Mark, *4* Hypophyse, *5* Keilbeinhöhle, *6* Stirnhöhle, *7* Nasenbein, *8* Nasenknorpel, *9* Nasenloch, *10* Nasenhöhle mit oberer, mittlerer und unterer Nasenmuschel, *11* Rachenmandel, *12* Mündung der Ohrtrompete, *13* weicher Gaumen mit Zäpfchen, *14* harter Gaumen, *15* Oberlippe mit Ringmuskel, *16* Mundhöhle, *17* Zunge, *18* 1. Halswirbel (Atlas), *19* Rückenmark, *20* Rachenhöhle, *21* Zungenmandel, *22* Unterkiefer, *23* Zungenbein, *24* Kehldeckel, *25* Kehlkopfeingang, *26* Stimmlippe, *27* Kehlkopfknorpel, *28* Luftröhre, *29* deren Knorpelringe, *30* Schilddrüse, *31* Speiseröhre, *32* 1. Brustwirbel, *33* Brustbein, *34* große Blutgefäße, *35—35* Schnittrichtung der Abb. 46

Sprechen. Man kann nicht gleichzeitig schlucken und sprechen, so wenig wie auf der Geige gleichzeitig legato und pizzicato spielen, schon weil der Kehlkopf nicht zugleich für das Schlucken geschlossen und für das Sprechen offen sein kann. Selbst Schlucken und Schlucken ist nicht das gleiche. Feste Bissen und Flüssigkeiten werden verschieden geschluckt. Kinder wissen das noch nicht, man muß ihnen sagen, daß sie erst den Mund leer machen müssen, ehe sie trinken können. Der Erwachsene findet allmählich eine Zwischenlösung, die beides zugleich ermöglicht.

Am Dach des Rachens findet sich die *Rachenmandel*, in den Seiten und in der Rückwand liegen Muskeln, die *Schlundschnürer*, die die Bissen nach abwärts in die Speiseröhre drücken, indem sie gleichzeitig die Rachenwand über den Bissen nach oben ziehen, so wie man beim Einfüllen den Sack über die Kartoffeln hinwegzieht.

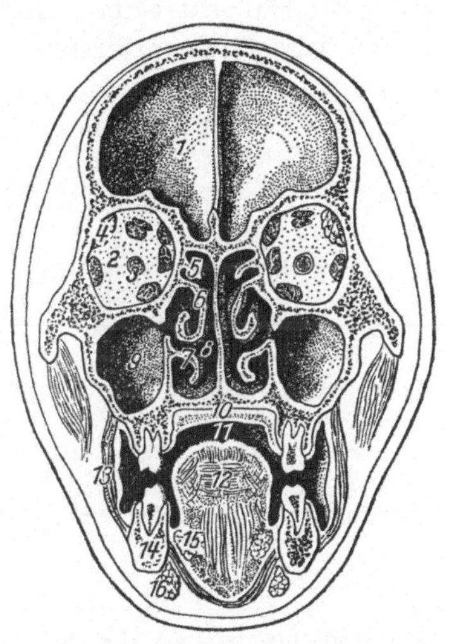

Abb. 46. Schnitt durch den Kopf parallel der Stirnebene, Schnittrichtung in Abb. 45 angegeben. *1* Stirnbein, *2* Augenhöhle mit den Querschnitten der Augenmuskeln, *3* Sehnerv, *4* Tränendrüse, *5* obere, *6* mittlere, *7* untere Nasenmuschel, *8* Nasenhöhle, *9* Kieferhöhle, *10* Gaumen, *11* Mundhöhle, *12* Zunge, *13* Wangenmuskel, *14* Unterkiefer, *15* Unterzungendrüse, *16* Unterkieferdrüse

Die *Speiseröhre* (Abb. 45, 54) ist ein muskulöser Schlauch, der die Bissen vom Schlunde in den Magen führt, ein reiner Transportweg. Sie verläuft vor der Wirbelsäule, durch ein kurzes Gekröse mit ihr beweglich verbunden. Kurz nach dem Durchtritt durch das Zwerchfell mündet sie in den Magen.

Von den Zähnen und ihrer Wurzelhaut

Der Mensch hat 32 *Zähne*. Zu je 16 bilden sie die beiden Zahnreihen im Ober- und Unterkiefer. Die rechte Hälfte jeder Zahnreihe ist symmetrisch zur linken, und die obere zur unteren. Jede

Hälfte enthält zwei Schneidezähne, einen Eckzahn, zwei Backenzähne (Praemolaren) und drei Mahlzähne (Molaren). Die Eckzähne sind im Gebiß der Raubtiere, das zum Reißen bestimmt ist, nicht zum Kauen, besonders groß, daher ihr Name Hundszähne. Auch die Hauer des Ebers sind Eckzähne, die Stoßzähne des Elefanten dagegen Schneidezähne. Die Tiere mit vollständigen Zahnreihen tragen keine Hörner oder Geweihe, wie man bei Aristoteles oder in Goethes Gedicht „Metamorphose der Tiere“ nachlesen

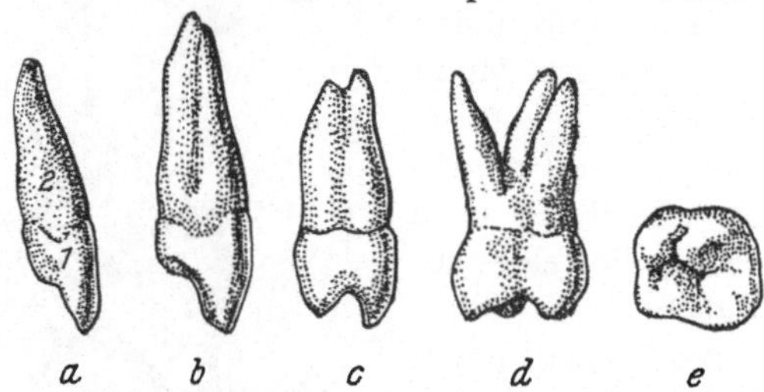

Abb. 47. Zähne des Oberkiefers in Seitenansicht. *a* Schneidezahn, *b* Eckzahn, *c* Backenzahn, *d* Mahlzahn, *e* Kaufläche eines Mahlzahnes. Nat. Gr. *1* Krone, *2* Wurzel

kann. Die vier Typen der Zähne sind nach ihrer Form unterschieden (Abb. 47): die Schneidezähne sind meißelförmig, die Eckzähne kegelförmig, die Backenzähne zweihöckerig, die Mahlzähne vier- bis sechshöckerig. So beim Menschen. Die übrigen Säugetiere haben sehr verschiedene Zahnformen je nach ihrer Ernährungsweise, Pflanzenfresser, Fleischfresser, Allesfresser. So charakteristisch sind die Formen, daß der Kenner nach einem einzelnen Zahn die Tierart bestimmen kann.

An jedem Zahn unterscheidet man Krone und Wurzel. Die Krone ist der im Munde sichtbare Teil, die Wurzel steckt im Knochen. Zwischen Krone und Wurzel zieht eine flache Furche um den Zahn herum, der Zahnhals. An ihn legt sich das Zahnfleisch an. Die Schneide-, Eck- und Backenzähne haben je eine Wurzel, die Mahlzähne im Unterkiefer zwei, im Oberkiefer drei.

Den Grundstock und die Hauptmasse des Zahnes bildet das *Zahnbein* oder *Elfenbein* (Abb. 48). Ihm ist an der Krone eine Kappe aus *Schmelz* aufgesetzt. Der Stoßzahn des Elefanten hat keinen Schmelz, er besteht nur aus El(e)f(ant)enbein. Die Wurzel ist von einer knochenähnlichen Schicht überzogen, die als *Zement* bezeichnet wird. Das Zahnbein enthält im Bereich der Krone einen Hohlraum, der sich in die Wurzel als Wurzelkanal fortsetzt und an deren Spitze ausmündet. In dem Hohlraum befindet sich zur Ernährung des Zahnbeins ein sehr zartes Gewebe mit Nerven und Blutgefäßen, die *Pulpa*. Wenn der Zahnarzt sagt, daß er „den Nerv“ abtötet, ist diese Pulpa gemeint. Mit der Pulpa tötet er auch das von ihr ernährte Zahnbein ab. Es ist nicht selbstverständlich, daß der nun tote Zahn, dessen Pulpa durch eine Wurzelfüllung ersetzt ist, nicht wie alles Tote ausgestoßen wird. Wie einfach wäre es, wenn man nur ein Loch in den Knochen bohren müßte und einen Zahn aus Kunststoff einsetzen könnte! Alle die lästigen Zahnprothesen wären überflüssig. Leider duldet der Kiefer den künstlichen Zahn nicht, weil seine Wurzel keinen lebendigen Zementüberzug hat wie der plombierte Zahn. Von der Pulpa bekommt der Zahn seine Nerven. Daß er schmerzempfindlich ist, hat uns der surrende Bohrer des Zahnarztes zur Genüge gelehrt. Die empfindlichste Stelle ist der Zahnhals. Der Schmelz ist völlig unempfindlich, wäre das nicht so, wäre alles Kauen eine fürchterliche Qual. Er ist durch große Härte ausgezeichnet. Trotzdem wird er allmählich abgekaut. Das Abgekaute kann nicht ersetzt werden, während Zahnbein durch das ganze Leben hindurch von der Pulpa aus gebildet wird, so daß die Pulpenkammer und der Wurzelkanal allmählich immer enger werden.

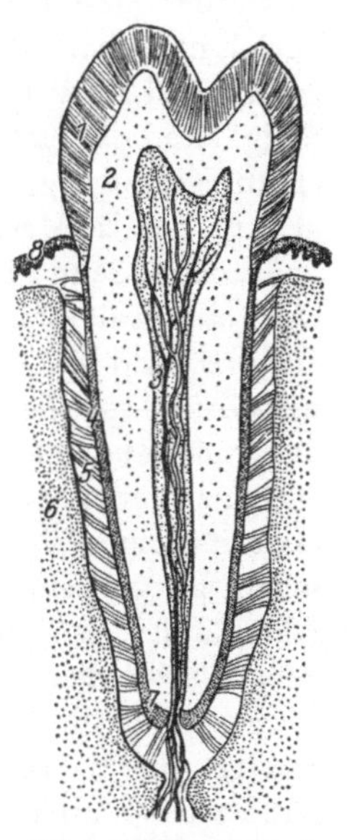

Abb. 48. Schnitt durch einen Backenzahn im Zahnfach des Kiefers. 1 Schmelz, 2 Zahnbein, 3 Wurzelkanal mit „Nerv“, 4 Zement, 5 Wurzelhaut, 6 Knochenwand des Zahnfaches, 7 Wurzelspitze, 8 Zahnfleisch. Schematisiert

Mit seiner Wurzel steckt der Zahn im Knochen, ist aber nicht einfach eingekeilt wie der Nagel im Holz. Das Zahnfach im Knochen ist zwar genauso geformt wie die Wurzel, ist aber ein wenig weiter. Der feine Spalt wird von der *Wurzelhaut* ausgefüllt (Abb. 48). Sie enthält einen Aufhänge- und Befestigungsapparat für den Zahn in Gestalt von Bündelchen kollagener Fasern, die schräg vom Knochen zur Wurzel ziehen und im Knochen und im Zement verankert sind. Wird beim Beißen auf den Zahn gedrückt, so werden diese Faserbündel angespannt, dadurch ist der Biß federnd, nicht hart. Zwischen den Faserbündeln verlaufen die Blutgefäße und Nerven, eingebettet in ein Gewebe, das die Bildungsfähigkeiten des embryonalen Bindegewebes bewahrt hat (Mesenchym). Geringfügigste Änderung der Druckrichtung beim Beißen genügt, um das Mesenchym der Wurzelhaut zu veranlassen, an der gedrückten Seite des Zahnfaches Zellen zu bilden, die den Knochen ein wenig abbauen, und an der entlasteten Seite Zellen, die entsprechend viel ansetzen. Dieses Verhalten der Wurzelhaut ist die Grundlage für alle Gebißregulierungen. Der kleinste länger dauernde Zug oder Druck genügt, um die Wurzelhaut zur Reaktion zu veranlassen und die Stellung des Zahnes zu ändern. Eine unerwünschte Wirkung solcher Art ist das *Lutschergebiß*. Das Lutschen, an sich ein harmloses Einschlafmittel des Säuglings und Kleinkindes, das auf das Einschlafen an der Mutterbrust zurückgeht, wird bedenklich, wenn es bis in die Zeit des Zahnwechsels fortgesetzt wird. Der zwischen die Zahnreihen gesteckte Daumen bewirkt, daß die oberen Schneidezähne schräg nach vorn, die unteren nach hinten wachsen. Der Erfolg ist der offene Biß, die Schneidezähne oben und unten treffen nicht mehr aufeinander, beim Zusammenbeißen bleibt die Lücke für den Daumen zwischen ihnen. Der selige Doktor Hoffmann hatte also guten Grund, wenn er im Struwwelpeter Konrad, den Daumenlutscherbub, mit der großen Schere bedrohte.

Diese Reaktionen der Wurzelhaut sind gewiß wunderbar, aber es gibt noch andere, bei denen man geradezu auf die Idee kommen könnte, daß sie ein vernunftbegabtes Wesen sei. Wenn Zähne ausfallen und ein Zahn, sagen wir ein Mahlzahn des Oberkiefers, seine beiden Gegenüber verliert und nun am Kauakt nicht mehr teilnehmen kann, dann baut seine Wurzelhaut, ohne durch irgendwelche äußere Einwirkungen veranlaßt zu sein, das Zahnfach so lange um, bis der Zahn wieder mit einem Gegenüber in Berührung kommt und wieder beim Kauen helfen kann (Abb. 49). An mir selbst habe ich beobachtet, daß dieses Ziel nach 9 Monaten erreicht war. Hat der Zahn aber keine Aussicht, ein Gegenüber erreichen zu können, dann macht die Wurzelhaut auch gar keinen Versuch dazu, sie bleibt in Ruhe und läßt den Zahn stehen, wie er steht (Abb. 49).

Jeder Zahn bekommt so viel Nervenästchen, wie er Wurzeln hat (Abb. 76). An jeder Wurzelspitze tritt ein Ästchen in den Wurzelkanal ein. Die Größe der Schmerzen, die er verursachen kann, steht in keinem Verhältnis zu seiner Dicke, er ist so dünn wie ein Faden des Kreuzspinnennetzes. Die Nerven aller Zähne sind Äste des *Nervus trigeminus*, des Empfindungsnerven von Haut und Schleimhäuten des Kopfes. Bei der großen Empfindlichkeit der Zähne sollte man meinen, daß wir jeden einzelnen Zahn genau kennen. Das ist aber mitnichten der Fall, wir kennen unsere Zähne noch weniger gut als unsere Zehen. Da sind wir wenigstens über die große und kleine Zehe unterrichtet. Wenn aber ein Zahn weh tut, auch einer von den Schneidezähnen, die wir doch gut zu kennen glauben, können wir meist nicht sagen, welcher es ist, nicht einmal, ob ein oberer oder unterer, höchstens ob ein rechter oder linker. Oft tut der kranke Zahn selber scheinbar gar nicht weh, sondern irgendein anderer, oder man fühlt Schmerzen im Hautbereich des Nervus trigeminus, z. B. in der Stirn oder Schläfe, der kranke Zahn verursacht Schmerzen, die in einen anderen Teil des Trigeminusgebietes ausstrahlen.

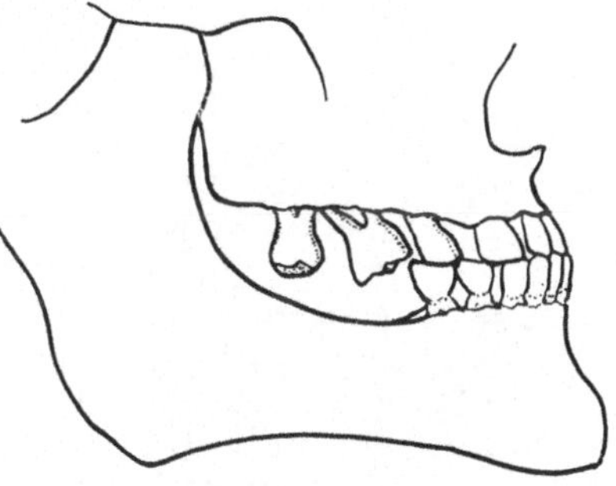

Abb. 49. Selbstregulierung des Gebisses. Nach E. Freerksen

Der erste und der letzte Zahn

Als erster Zahn erscheint für gewöhnlich im sechsten Lebensmonat der mittlere untere Schneidezahn, wenn er nicht ausnahmsweise zu anderer Zeit, etwa schon im dritten Monat, kommt oder einem anderen Zahn den Vorrang läßt. Der gleiche Zahn auf der anderen Seite bricht entweder gleichzeitig durch oder sehr bald danach. Man kann sagen, die Zähne kommen paarweise, zuerst die beiden unteren mittleren Schneidezähne, dann die beiden oberen, dann die unteren seitlichen Schneidezähne, dann die oberen usw. Auf's ganze gesehen erscheint alle zwei Monate ein Paar. Das geht so durch 20 Monate, also bis zur Mitte des dritten Lebensjahres. Dann ist das *Milchgebiß* fertig, das seinen Namen offenbar davon führt, daß es mit Milch nichts zu tun hat, vielleicht aber auch davon, daß in früheren Zeiten die Kinder bis ins dritte Jahr von der Mutter gestillt wurden. Heute, im Zeitalter der künstlichen Säuglingsernährung, könnte niemand auf den Gedanken eines „Milch"gebisses kommen. Es besteht aus 20 Zähnen, in jeder Kieferhälfte stehen zwei Schneidezähne, ein Eckzahn und zwei Mahlzähne (Abb. 50). Die zweihöckerigen Backenzähne und der dritte Mahlzahn fehlen. Entsprechend der Kleinheit der Kiefer sind die Milchzähne kleiner als die bleibenden, sie sind fast rein weiß mit einem leichten bläulichen Schimmer. Der Form nach sind sie Miniaturausgaben der bleibenden Zähne.

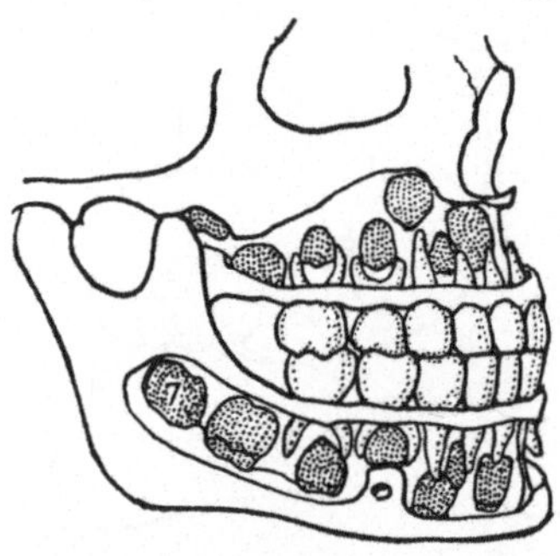

Abb. 50. Milchgebiß eines vier- bis fünfjährigen Kindes. Anlagen der bleibenden Zähne freigelegt. *7* Anlage des bleibenden 2. Mahlzahnes

Obwohl die Kiefer wachsen, bleibt dieses Gebiß in den nächsten vier Jahren unverändert und wächst nicht mit. In dem durch das Wachstum entstehenden Raum werden die Kronen der bleibenden Zähne fertig gebildet (Abb. 50). Wenn sie beim Zahnwechsel in die Zahnreihe einrücken, müssen ihnen nur noch die Wurzeln wachsen. Als erster bleibender Zahn erscheint hinter dem zweiten Milchmolaren der „Sechsjahrsmolar", der „Sechser", wie die Zahnärzte kurz sagen, denn sie benennen die Zähne nicht, sondern zählen sie nur von 1 bis 8. Es ist der Zahn der Fibelweisheit. Erst wenn die vier ersten Molaren durchgebrochen sind, fängt der eigentliche *Zahnwechsel* an, d. h., die Milchzähne werden nach und nach durch die bleibenden ersetzt. Sie fallen aus in der Reihenfolge, in der sie gekommen sind. Den Beginn machen also die mittleren Schneidezähne, erst unten, dann oben. In die Lücke rückt der bleibende Zahn ein, meist sehr bald, manchmal nimmt er sich auch

Zeit. Das klingt sehr einfach und sieht auch sehr einfach aus, die einen Zähne fallen aus, die anderen treten an ihre Stelle. Aber wie kann denn ein Zahn plötzlich ausfallen, der jahrelang fest im Kiefer gesessen hat? Er fängt zunächst an zu wackeln, aber wieso und warum? Hier begegnet uns wieder die rätselvolle *Wurzelhaut.* Sie hat aus ihrem Mesenchym Zellen gebildet, die die Wurzel zerstört haben bis auf einen kleinen Rest am Zahnhals, mit dem er nun nur noch locker im Zahnfleisch hängt. Und nun wächst der schon

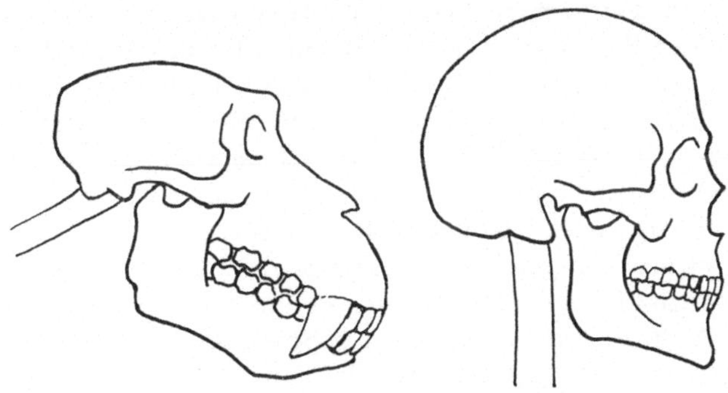

Abb. 51. Affenschädel und Menschenschädel, auf gleiche Größe gebracht. Lange und kurze Zahnreihe, kleiner und großer Hirnteil des Schädels

fertig vorbereiteten Krone des Ersatzzahnes die Wurzel, für die bisher kein Platz war, und langsam schiebt sich die Krone in die Zahnreihe ein. Aber wer oder was schiebt? Wieder erscheinen die Zähne paarweise, die Bildung des bleibenden Gebisses dauert jedoch nicht nur 20 Monate, sondern 20 Jahre. Als letzter erscheint, meist nach jahrelanger Pause und oft unter großen Schmerzen, der dritte Molar, der *Weisheitszahn.* Manchmal kommt er gar nicht, oft läßt er sich sehr viel Zeit, und dann muß meist der Zahnarzt noch den Geburtshelfer spielen und ihm zwar nicht durch einen Kaiserschnitt, aber durch einen Kreuzschnitt ans Tageslicht verhelfen. Die Weisheitszähne sind wie der Wurmfortsatz am Blinddarm ein Überbleibsel aus längst vergangener Zeit und können ohne jeden Nachteil für das Kauen und für die Weisheit entbehrt werden. Ihre Abwertung hängt offensichtlich zusammen mit der Umbildung des Schädels von der langschnäuzigen Form mit langen Zahnreihen zu der runden Form mit kurzen Zahnreihen

(Abb. 51). Schuld an den Nöten mit den Weisheitszähnen ist also letzten Endes der aufrechte Gang des Menschen, der außer vielerlei anderen Änderungen auch die Umbildung des Schädels mit sich gebracht hat.

Der Beginn des Zahnwechsels mit dem Ausfallen der Zähne, den Zahnlücken und dem Erscheinen der bleibenden Zähne hat für das Kind, ja, für die ganze Familie etwas Sensationelles und Aufregendes. Aber doch nur bei den Schneidezähnen, auf die späteren wird nicht mehr so geachtet, da vollzieht sich der Wechsel ohne den Reiz der Neuheit. Ganz anders bei den Milchzähnen. Da achtet die Mutter teils aus Stolz, teils aus Ungeduld auf jeden neuen Zahn, teils aus Furcht vor der Mehrarbeit. Denn bei vielen Kindern geht das Durchbrechen der Zähne nicht so glatt. Das Kind schläft unruhig, hat keinen rechten Appetit, macht sich wieder naß usw., nur bekommt es kein Fieber, wohl aber eine rote Backe auf der Seite, auf der der nächste Zahn kommen will. Die ersten Milchzähne zur Welt bringen nimmt den ganzen Organismus in Anspruch. Ist wieder einer geboren, sind alle Störungen vorbei, als wäre nichts geschehen.

Die paarweise durchgebrochenen Zähne verhalten sich wie eineiige Zwillinge. Wird einer kariös, dauert es gewöhnlich nicht lange, und der andere bekommt ebenfalls eine Karies, beide sind gleich empfindlich. Für die verschiedenen Anforderungen sind sie gleich gut oder gleich schlecht gerüstet. Merkwürdig ist, daß die Sechsjahrsmolaren von allen bleibenden Zähnen die anfälligsten zu sein pflegen, obwohl man meinen möchte, sie müßten gerade die widerstandsfähigsten sein, da sie als erste doch am längsten aushalten sollten.

Von Magen und Darm

Wie soll ich den *Magen* beschreiben? Er hat keine bestimmte Form und Größe, beides wechselt je nach der Füllung, der Körperstellung, nach dem Verhalten der Nachbarorgane und auch unter dem Einfluß von Medikamenten, sogar von verschiedenen Arten der Nahrung. Seine Grundform ist die eines 25—30 Zentimeter langen, etwa 10 Zentimeter breiten dünnwandigen Sackes. Die Speiseröhre mündet nicht an der höchsten Stelle in ihn ein, sondern seitlich von rechts und hinten (Abb. 52), so daß oberhalb der

Einmündung ein Blindsack entsteht, in welchem sich die Luft sammelt, die wir mit jedem Bissen verschlucken. Diese Gasblase legt sich im Stehen und Sitzen der linken Zwerchfellkuppel an. Im Bereiche der Speiseröhreneinmündung ist der Magen in geringer Ausdehnung mit der Hinterwand der Bauchhöhle verbunden, im übrigen ist er so gut wie frei beweglich, stößt rechts an die

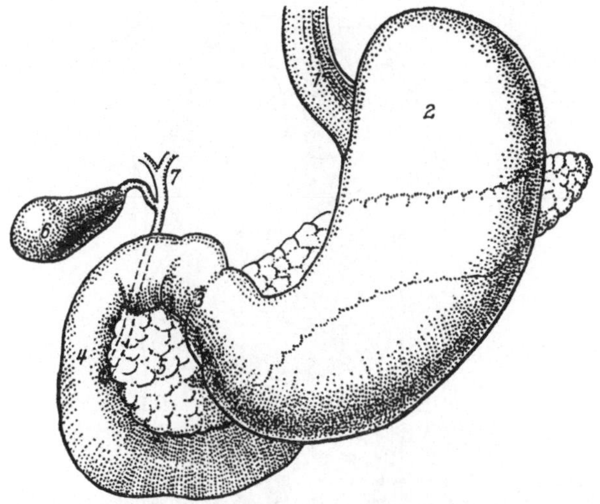

Abb. 52. Magen und Zwölffingerdarm. ¼ nat. Gr. *1* Speiseröhre, *2* Magen, *3* Stelle des Pylorus, *4* Zwölffingerdarm, *5* Bauchspeicheldrüse, *6* Gallenblase, *7* die beiden aus der Leber kommenden Gallengänge

Leber, links an die Milz an und in der ganzen Länge seines linken Randes an den queren Teil des Dickdarmes (Abb. 53). Seine Wand besteht aus Schleimhaut und Muskulatur, die hauptsächlich in Ringen angeordnet ist. Die Muskulatur wird gegen den Mageneingang hin allmählich dicker. Teile von ihr können sich einzeln zusammenziehen und dadurch ringförmige Einschnürungen erzeugen. Das gilt besonders von den letzten Ringen am Magenausgang, am Pförtner *(Pylorus)*, die für gewöhnlich kontrahiert sind und den Ausgang geschlossen halten. Er wird erst geöffnet, wenn im Magen und im anschließenden Darmabschnitt bestimmte mechanische und chemische Bedingungen erfüllt sind. Wird der Magen mit Speise und Trank gefüllt, nimmt er bei aufrechter

Körperhaltung Hakenform an infolge einer Struktur aus kollagenen Fasern in seiner Wand, die ähnlich wirkt wie der Leimstreifen auf dem wurstförmigen Luftballon, dessen Krümmung

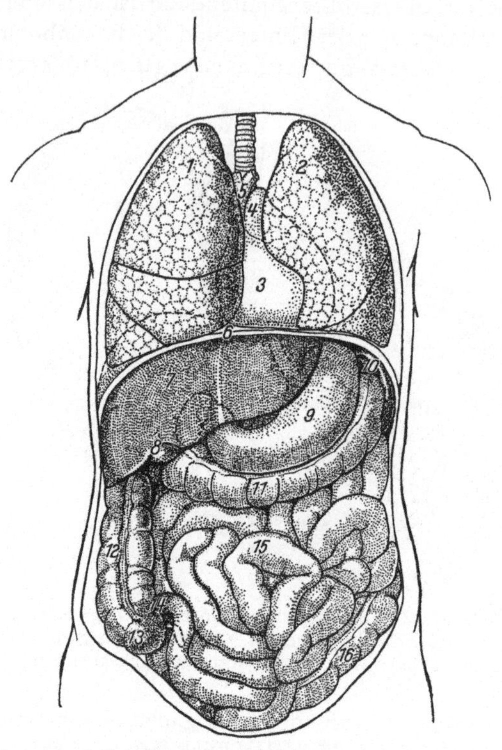

Abb. 53. Brust- und Baucheingeweide. $^1/_6$ nat. Gr. *1* rechte Lungenspitze, *2* linke Lungenspitze, *3* Herzbeutel, *4* Aorta, *5* obere Hohlvene, darüber Luftröhre, *6* Zwerchfell, *7* Leber, *8* Gallenblase, *9* Magen, *10* Milz, *11* querer Dickdarm, *12* aufsteigender Dickdarm, *13* Blinddarm, *14* Ende des Dünndarmes, *15* Dünndarmschlingen, *16* absteigender Dickdarm

beim Aufblasen unser kindliches Jahrmarktsvergnügen war. Am gefüllten Magen ist also der Ausgang nicht der tiefste Punkt, vielmehr ist das letzte Ende aufgebogen. Das hat man erst aus den Röntgenbildern gelernt (Abb. 55). Vorher kannte man den Magen nur von Sektionen her. Die Form, in der man ihn dabei am häufigsten findet, hat man den Beschreibungen und

Abbildungen zugrunde gelegt und tut es auch heute noch. Ich füge mich diesem Brauch, aber mit dem Hinweis, daß er im lebenden Menschen seine Gestalt ständig wechselt.

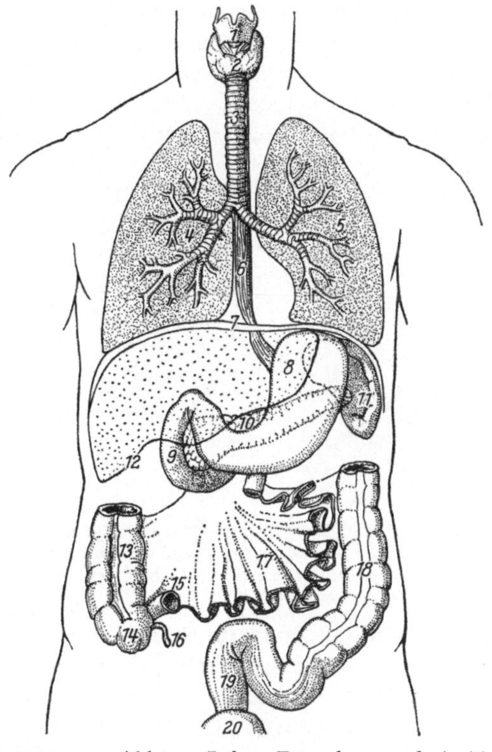

Abb. 54. Ergänzung zu Abb. 53. Leber, Dünndarm und ein Teil des Dickdarmes weggenommen. *1* Kehlkopf, *2* Schilddrüse, *3* Luftröhre, *4* rechte Lunge, *5* linke Lunge, *6* Speiseröhre, *7* Zwerchfell, *8* Magen, *9* Zwölffingerdarm, *10* Bauchspeicheldrüse, *11* Milz, *12* unterer Rand der Leber, *13* aufsteigender Dickdarm, *14* Blinddarm, *15* Ende des Dünndarmes, *16* Wurmfortsatz, *17* Gekröse des Dünndarmes, *18* absteigender Dickdarm, *19* Mastdarm, *20* Scheitel der Harnblase

Wenn der Bissen im Magen ankommt, wird er mit Magensaft übergossen, der das Produkt ungezählter mikroskopisch kleiner Drüsen in der Schleimhaut ist. Die Bissen werden zunächst so wie sie ankommen geschichtet, die alte Vorstellung, daß der Magen ein Rührwerk sei, hat sich als irrig erwiesen. In dem unteren Teil, gegen den Pylorus hin, werden sie durch immer mehr Magensaft in einen dünnen Brei, etwa wie eine sämige Suppe, verwandelt. Erst dann entleert der Magen seinen Inhalt, und zwar schubweise, indem sich die Muskelringe des aufgebogenen Teiles wellenartig nacheinander zusammenziehen, so daß der pylorusnahe Teil sozusagen ausgestrichen wird wie die Zitze am Euter beim Melken.

An den Magen schließt sich der 5—6 Meter lange *Dünndarm* an. Sein Anfangsteil, der *Zwölffingerdarm*, hat ungefähr Hufeisenform

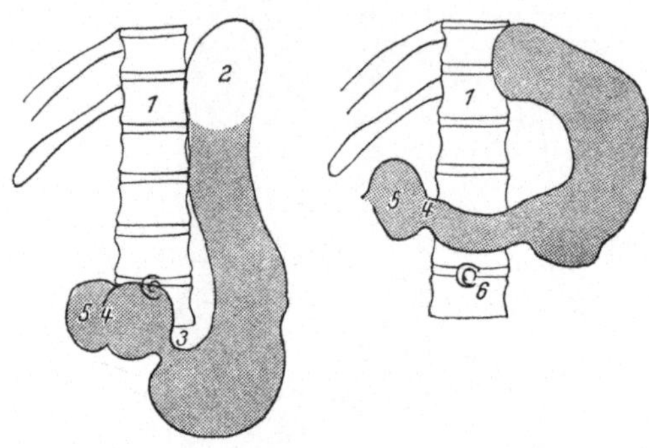

Abb. 55. Röntgenbild des Magens im Stehen und Liegen. *1* 12. Brustwirbel, *2* Gasblase, *3* kontrahierter Muskelring, *4* Stelle des Pylorus, *5* Anfangsstück des Zwölffingerdarmes, *6* Nabelmarke

(Abb. 52, 54), der übrige Dünndarm ist in zahlreiche Windungen gelegt, die Dünndarmschlingen (Abb. 53), die ihre Lage fortwährend ändern. Mit der hinteren Bauchwand sind sie durch eine Gewebsplatte, das *Gekröse* (Abb. 54), verbunden, in welchem die Blutgefäße und Nerven von der Gegend der Wirbelsäule her zu ihnen verlaufen. Ihm verdankt der Dünndarm seine große Beweglichkeit. In der rechten Unterbauchgegend, etwas oberhalb der Leistenbeuge, mündet er in den Dickdarm ein, und zwar seitlich, so daß ein kleiner Teil des Dickdarmes die Einmündung nach abwärts überragt, der *Blinddarm*. Der Dünndarm ist sozusagen ein Stück weit in den Dickdarm hineingeschoben, wodurch eine Klappe entsteht, die verhindert, daß Inhalt des Dickdarmes in den Dünndarm zurückfließt (Abb. 56). Vom Blinddarm geht der *Wurmfortsatz* aus, ein etwa ½ Zentimeter dickes, gewöhnlich 5—7 Zentimeter langes Darmstück. Er ist der kranke Teil bei der „Blinddarmentzündung", und bei der Blinddarmoperation wird nicht der Blinddarm entfernt, sondern der Wurmfortsatz. Bei vielen Säugetieren ist er ein voll funktionierender Darmabschnitt von gleicher Weite wie der Dickdarm und von beträchtlicher Länge. Beim Menschen hat er seine Funktion als Darm verloren und ist zu einem Anhängsel *(Appendix)* des Blinddarms geworden. Seine Schleimhaut enthält zahlreiche Lymphknötchen, die Grundlage seiner häufigen Erkrankung.

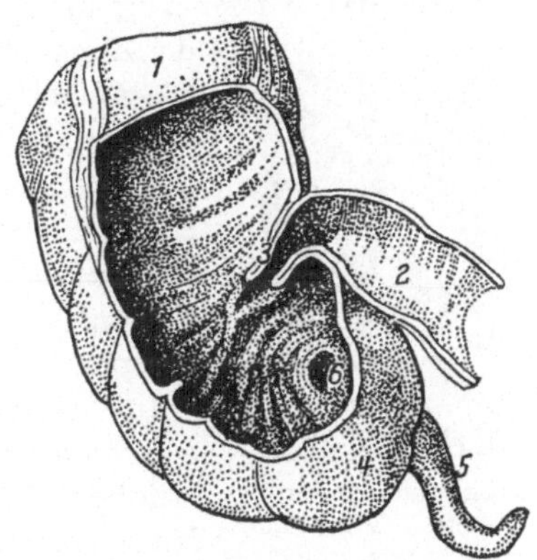

Abb. 56. Blinddarm, vordere Wand weggenommen. $^1/_3$ nat. Gr. *1* Dickdarm, *2* Dünndarm, *3* Klappe, *4* Blinddarm, *5* Wurmfortsatz, *6* dessen Abgangsstelle aus dem Blinddarm

Der *Dickdarm* ist viel weiter als der Dünndarm (Abb. 53), steigt an der rechten Seite der Bauchhöhle auf bis zur Leber, zieht von hier, gewöhnlich in einem nach abwärts gerichteten Bogen, nach links bis zur Milz und von da an der linken Seite nach abwärts bis zur Leistenbeuge, dann mit S-förmiger Krümmung (Abb. 54) in das kleine Becken und an dessen Hinterwand als Mastdarm zum After (Abb. 65). An seinem Ende ist er durch einen mehrere Zentimeter hohen Ringmuskel verschlossen, den wir willkürlich in Tätigkeit setzen können als einzigen Muskel am Magen und Darm. Oberhalb des Schließmuskels wird der Inhalt des Mastdarmes angesammelt, bevor er entleert wird. In seinem untersten Abschnitt enthält die Schleimhaut Venengeflechte, deren krankhafte krampfaderartige Erweiterung unter dem Namen *Hämorrhoiden* bekannt ist.

Die Muskulatur des Magens und des ganzen Darmes verhält sich völlig anders als die Muskeln der Glieder. Im mikroskopischen Bilde zeigt sie keine Querstreifung, daher nennt man sie *„glatte" Muskulatur.* Sie kann sich nur langsam verkürzen und sie ermüdet nicht. Von ihrer Tätigkeit spüren wir nichts, außer wenn sie sich krampfhaft zusammenzieht. Dann macht sie Schmerzen, z. B. Magenschmerzen, Leibschmerzen, die sich bis zur Unerträglichkeit steigern können (Kolikschmerzen). Sie untersteht dem vegetativen Nervensystem und ist damit unserem Willen entzogen. Wir können den Magen nicht willkürlich zusammenziehen wie den Bizeps.

Dem *vegetativen Nervensystem* untersteht auch die Bildung und Abgabe des Magen- und Darmsaftes wie die Tätigkeit aller Drüsen. Der Anblick der Speisen läßt die Speichelabsonderung beginnen (das Wasser läuft im Munde zusammen), die Berührung der Zunge durch die Bissen löst Absonderung des Magensaftes aus. Der festliche Schmuck der Tafel oder auch nur die nette Herrichtung des einfachsten täglichen Tisches ist mehr als eine rein ästhetische Angelegenheit. Psychische Einflüsse fördern die Tätigkeit von Magen und Darm, können sie aber auch völlig stoppen. Ärger ist eine schlechte Speisewürze.

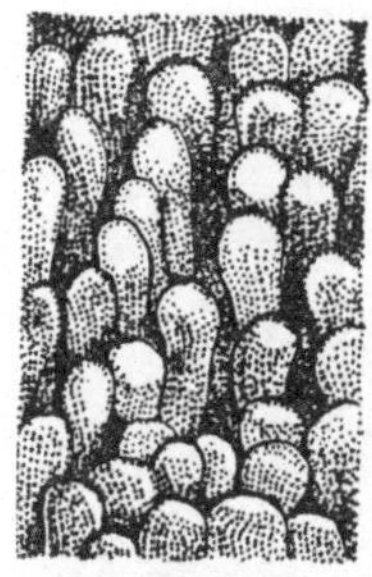

Abb. 57. Dünndarmzotten. Vergrößerung etwa 10fach. Nach E. Schütz

Im Anfangsteil des Dünndarmes ist die Schleimhaut zu hohen quergestellten Falten erhoben, die im zweiten Drittel der Darmlänge allmählich niedriger und seltener werden und gegen das Ende schließlich ganz aufhören. Durch diese Falten wird die Oberfläche der Schleimhaut beträchtlich vergrößert. Viel ausgiebiger noch geschieht dies durch die *Darmzotten* (Abb. 57), fingerförmige Fortsätze, unter der Lupe gut erkennbar, die dicht gedrängt in ungeheurer Zahl wie feine Dochte in den flüssigen Darminhalt hineinragen. Aus ihm nimmt ihr Epithel die Verdauungsprodukte auf und gibt sie an die Gewebsflüssigkeit des mesenchymartigen Bindegewebes der Zotten weiter. Aus dieser werden sie in das Blutkapillarnetz (Abb. 8) aufgenommen, die Fette in ein Lymphgefäß. Der Inhalt des Dünndarmes bleibt bis zuletzt der dünnflüssige Brei, wie ihn der Magen entleert hat. Von der Ring- und Längsmuskulatur wird er durch Hin- und Herschaukeln und langsame Vorwärtsbewegung an den Zotten vorbeigeführt. In der Verfassung, wie er vom Durchfall her bekannt ist, kommt er im Dickdarm an, der dank seiner Weite den ganzen Dünndarminhalt fassen kann. Seine Schleimhaut ist falten- und zottenfrei. Ihr Epithel entzieht dem Inhalt fast das ganze Wasser, wodurch er zum Kot eingedickt wird.

Von der Leber und der Gallenblase

Die Leber ist das größte Organ des Körpers, sie wiegt ungefähr 1½ Kilogramm, ist von dunkelbraunroter Farbe wie bei den Schlachttieren und ebenso fest und blutreich. Sie ist in die rechte Zwerchfellkuppel eingelagert (Abb. 53), daher ist ihre obere Fläche gewölbt wie eine Halbkugel. Die untere Fläche ist fast eben. Die Form ist sehr einheitlich, tiefe Einschnitte wie an den Lebern vieler Tiere fehlen. Sie ist von den Rippen bedeckt, man kann sie nicht fühlen. Die Blutgefäße treten an umschriebener Stelle in die Unterfläche ein. An gleicher Stelle treten die Gallengänge aus. Man spricht deshalb von der Leber„pforte".

An der Unterfläche liegt auch die birnförmige *Gallenblase*, in der Küche kurzweg „die Galle" genannt. Beim Menschen ist sie 10 Zentimeter lang und überragt mit ihrer Kuppel ein wenig den unteren Leberrand (Abb. 53) ungefähr in der Mitte des Rippenbogens. Bei Vergrößerung ist sie dort fühlbar. Sie ist ein seitliches Anhängsel des aus der Leber kommenden Gallenganges (Abb. 52), der die Galle aus der Leber in den Zwölffingerdarm führt. Wird er an seinem Ende durch seinen Schließmuskel verschlossen, gelangt die Galle nicht in den Darm, sondern in die Gallenblase, in der sie eingedickt und für späteren Bedarf gespeichert wird. An sich fließt sie aus der Leber unmittelbar in den Darm. Die Verbindung zwischen Gallengang und Gallenblase ist ein dünner Gang, dessen Schleimhaut eine spiralige Falte aufweist. Gerät aus einer steinkranken Gallenblase ein kleiner Stein in diesen Gang, wird er durch dessen Muskulatur weitergetrieben bis in den Darm. Gelingt dies wegen seiner Größe nicht ohne weiteres, zieht sich die Muskulatur krampfhaft zusammen, was außerordentlich schmerzhaft sein kann (Gallenkolik).

Der Leber werden alle Endprodukte der Eiweiß- und Kohlehydratverdauung zugeführt. Sie werden von den Epithelzellen des Dünndarmes aufgesaugt und in die Blutkapillaren der Zotten aufgenommen. Aus diesen sammeln sich feine Venen, die, schon zu größeren Stämmchen vereinigt, aus der Darmwand in das Gekröse eintreten. Hier fließen sie zu immer größeren Venen zusammen, die schließlich einen kleinfingerdicken Stamm bilden, der in die Leberpforte eintritt, die *Pfortader* (Abb. 58). Alles Blut, das durch die Darmarterien dem Magen und Darm zugeleitet wird, und sich dort mit den Verdauungsprodukten belädt, muß auf dem Wege über die Pfortader das Kapillarsystem der Leber durchlaufen, bevor es durch die aus der Leber herausführenden Lebervenen in die untere Hohlvene und damit wieder in den allgemeinen Kreislauf gelangt. Wegen dieses besonderen Laufes des Darmblutes spricht man vom *Pfortaderkreislauf*. Er dient der Zufuhr der Bausteine von Eiweiß und Mehl und Zucker zur Leber. Die Abbauprodukte der Fette nehmen einen anderen Weg. Sie werden schon von den Epithelzellen der Zotten wieder zu neuen Fetten aufgebaut und in fertiger Form von dem zentralen Lymphgefäß der Zotten aufgenommen. Sie gelangen also auf dem Lymphwege ins Blut (Abb. 58), und nur ein kleiner Teil wird über die Blutkapillaren in die Pfortader und in die Leber geführt.

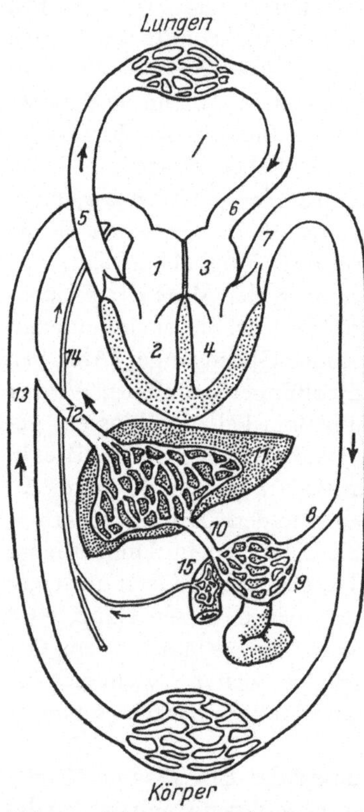

Abb. 58. Schema des Pfortaderkreislaufes. Vgl. Abb. 5. *1* rechte Vorkammer, *2* rechte Kammer, *3* linke Vorkammer, *4* linke Kammer, *5* Lungenarterie, *6* Lungenvene, *7* Aorta, *8* Darmarterie, *9* Kapillarnetz des Darmes, *10* Pfortader, *11* Leber, *12* Lebervene, *13* untere Hohlvene, *14* Hauptlymphgang, *15* Lymphgefäßnetz des Darmes

Jede Tierart hat ihr besonderes Eiweiß und Fett. Das wissen wir aus der Küche. Man sagt, jede Tierart hat ihr „arteigenes" Eiweiß. Aufgabe der Leber ist es, dieses arteigene Eiweiß aus den Produkten der Eiweißverdauung aufzubauen. Sie ist chemische Fabrik und Speicher zugleich. Ihre hauptsächlichen Bauelemente sind Drüsenzellen und Blutkapillaren. Die Pfortader teilt sich in ihr in ein kunstvolles Kapillarsystem auf, das so geordnet ist, daß jede

Drüsenzelle an mindestens einer ihrer Flächen unmittelbar von einer Blutkapillare berührt wird. In dieses Kapillarnetz münden auch die Äste der Leberarterie, die den Leberzellen den für ihre Tätigkeit unentbehrlichen Sauerstoff zuführen. In jeder Leberzelle laufen nebeneinander gleichzeitig eine große Zahl chemischer Prozesse ab. Zunächst diejenigen, die wie in jeder anderen Zelle des Körpers der Lebenserhaltung dienen. Sodann die weit größere Zahl, welche die Drüsentätigkeit der Leberzellen ausmachen wie, um nur einige zu nennen, die Bildung der arteigenen Eiweißverbindungen und des hochmolekularen Zuckers Glykogen, die Entgiftung der stickstoffhaltigen Abfälle des Eiweißstoffwechsels durch Bildung von Harnstoff und Harnsäure, und vieles andere, schließlich die Bildung der Galle, die ihrerseits eine große Zahl verschiedenartiger chemischer Verbindungen enthält. Die Produkte der Leberzellen werden teils ständig an das Blut abgegeben, teils gespeichert wie etwa das Glykogen, die tierische Stärke, die in der Leber für die Muskeltätigkeit bereitgehalten wird. Auch Fett wird in der Leber gespeichert, nicht nur bei der Gans. Wichtiger als die Gänseleberpastete ist der aus der Leber des Thunfisches und des Dorsches gewonnene Lebertran wegen des Gehaltes an dem antirhachitischen Vitamin D. Die Leber ist also ein großes Depot von Betriebsstoffen, auf das der Organismus jederzeit zurückgreifen kann. Die Ausgabe aus dem Depot wird großenteils durch Hormone geregelt.

Die *Galle* dient der Fettverdauung, sie bereitet im Zwölffingerdarm die Fette zu seifenartigen wasserlöslichen und damit resorbierbaren Verbindungen auf. Sie wird in einer Menge von täglich einem Liter gebildet. Ist ihr Abfluß in den Darm durch einen Gallenstein oder durch eine entzündliche Schwellung der Darmschleimhaut an der Einmündungsstelle verlegt, können die Fette nicht verdaut werden und werden unverändert ausgeschieden. Der Kot ist dann zäh-schmierig und, wegen des Fehlens des Gallenfarbstoffes, hellgrau, der Farbstoff tritt, statt in den Darm zu gelangen, ins Blut über und färbt alle Gewebe gelb (Gelbsucht, Ikterus).

Von der Bauchhöhle und dem Bauchfell

Man tut gut, *Bauchhöhle* und *Bauchraum* zu unterscheiden (Abb. 59). Die Nieren und die Bauchspeicheldrüse liegen im

Bauchraum, aber nicht in der Bauchhöhle, ebenso die Aorta und die untere Hohlvene. Der Bauch*raum* ist ringsherum von den Bauchmuskeln und oben vom Zwerchfell umgrenzt, nach abwärts geht er in das kleine Becken über, dessen Ausgang durch Muskeln verschlossen ist. Der Bauchraum ist gestützt durch die Lendenwirbelsäule, die tief in ihn vorgeschoben ist. Die Bauch*höhle* ist der vom Bauchfell ausgekleidete Teil des Bauchraumes. In der lebendigen Wirklichkeit existiert keine Höhle, sie ist ganz und gar von den Eingeweiden ausgefüllt. Die muskulöse Bauchwand umschließt den Inhalt vollkommen, wird er größer, gibt sie nach, und man muß den Gürtel weiter schnallen, wird er kleiner, zieht sie sich zusammen. Diese genaue Einstellung der Bauchwand geschieht, ohne daß wir es merken. Niemals entsteht eine Höhle, außer wenn man den Inhalt herausnimmt.

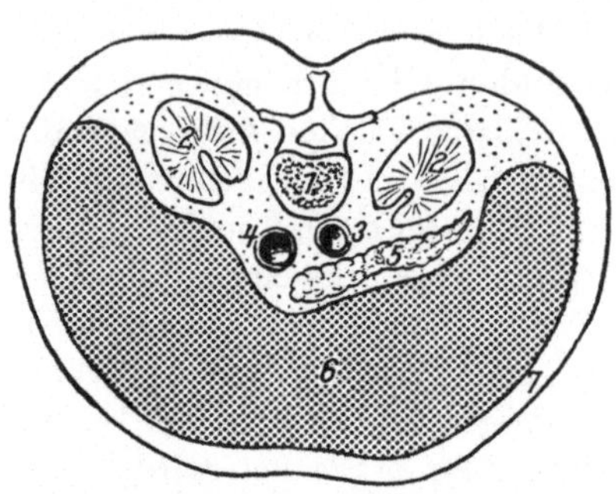

Abb. 59. Schematischer Querschnitt durch den Rumpf. *1* Lendenwirbel, *2* Nieren, *3* Aorta, *4* untere Hohlvene, *5* Bauchspeicheldrüse, *6* Bauchhöhle, *7* Bauchwand

Das *Bauchfell* kleidet die Bauchhöhle aus wie eine Tapete, hüllt auch Magen, Darm, Leber und Milz ein. Es ist eine zarte, aber feste Bindegewebshaut mit einem ganz flachen Epithel, das von einer selbstproduzierten Flüssigkeit in dünner Schicht benetzt ist. Dadurch sind die vom Bauchfell überzogenen Flächen spiegelnd glatt und können sich reibungslos aneinander verschieben. Bei Erkrankungen kann das Bauchfellepithel einerseits sehr große Mengen Flüssigkeit abscheiden (Bauchwassersucht), andererseits Fibrin bilden, das wie ein Leim benachbarte Darmschlingen miteinander verkleben kann. So kann z. B. bei der Blinddarmentzündung der Wurmfortsatz von verklebten Darmschlingen umschlossen werden, eine vorbeugende Maßnahme der Natur für den Fall, daß der eitererfüllte Wurmfortsatz durchbricht. Der Eiter kann dann nicht in die Bauchhöhle gelangen. Geschieht dies, vermehren sich auf dem feuchten Bauchfell die Eitererreger rapide (Bauchfellentzündung), und ihre giftigen Stoffwechselprodukte werden durch das Epithel sehr schnell ins Blut aufgenommen. Diese „Blutvergiftung“ würde in wenigen Tagen den Tod herbeiführen und wäre noch ebenso gefürchtet wie früher, wenn man sie heute nicht mit Antibiotica erfolgreich bekämpfen könnte.

In der Bauchhöhle sind die Eingeweide dicht gepackt, aber gegeneinander beweglich. Sie wechseln ständig ihre Form und Lage und werden bei der Atmung und bei allen Bewegungen des Rumpfes verschoben. Jede Biegung des Rumpfes bewirkt eine Formveränderung der Bauchhöhle, der die Eingeweide folgen müssen. Das gilt auch für die außerhalb der Bauchhöhle an der Rückwand des Bauchraumes liegenden Nieren und die Bauchspeicheldrüse. So schiebt sich bei Rumpfbeugen nach links die linke Niere nach aufwärts, die rechte nach abwärts. Sie können es tun, weil sie in lockeres Bindegewebe und Fett eingelagert sind. Wären die Eingeweide fest fixiert, so wäre keine Atmung und keine Rumpfbewegung möglich, wir wären steif wie Stöcke. Wenn mit vorrückenden Jahren oder nach Geburten die Bauchmuskeln müde und schlaff werden, umschließen und halten sie die Eingeweide nicht mehr so gut wie früher, die Eingeweide verlieren ihren festen Halt und senken sich nach abwärts. Das ergibt den Hängebauch, der nichts zu tun hat mit dem durch übermäßige Fettablagerung bedingten Schmerbauch. Es kommen auch Senkungen einzelner Organe vor, z. B. einer Niere. Man bezeichnet sie dann als Wanderniere, sollte sie lieber Senkniere nennen, denn sie wandert nicht etwa im Bauche hin und her.

Von den Nieren und der Harnblase

Die Endprodukte der Verdauung, d. h., der Aufspaltung der Nahrungsstoffe, und die Abfallprodukte des Stoffwechsels gelangen ins Blut. So ist Nützliches und Schädliches, Brauchbares und Unbrauchbares im Blute vermischt. Keins von beiden darf ohne Gefahr eine bestimmte Konzentration überschreiten, wie z. B. die Zuckerkrankheit, der Diabetes, lehrt, bei dem der Zuckergehalt des Blutes abnorm hoch ist. Die richtige Konzentration wird aufrechterhalten durch die Tätigkeit der Nieren. Sie scheiden die für den Körper schädlichen und die im Übermaß vorhandenen Stoffe als Harn aus. Der Stoffwechsel der Zellen und die Aufnahme seiner Endprodukte ins Blut geht Tag und Nacht ununterbrochen weiter. So dürfen die Nieren auch nachts nicht ruhen. Ihre ungestörte Tätigkeit ist für den Organismus so wichtig, daß sie an der verschiedenen Verteilung des Blutes im Körper nicht teilnehmen; auch während der Verdauung, bei körperlicher Arbeit, bei der Gehirntätigkeit bleiben sie immer von der gleichen Blutmenge durchflossen.

Der Mensch hat zwei *Nieren*, von gleicher Farbe und gleichem Bau wie die Säugetiere. Bei vielen von ihnen sind sie durch tiefe Furchen unterteilt, beim erwachsenen Menschen sind sie glatt, beim Neugeborenen ist eine Unterteilung noch angedeutet. Sie sind etwa zehn Zentimeter lang und fünf Zentimeter breit, ihre Form wird üblicherweise mit einer Bohne verglichen. An der Stelle, die dem Keim an der Bohne entspricht, tritt der Ausführgang aus, der Harnleiter, der den Harn in die Harnblase führt. Er beginnt noch innerhalb der Niere mit einer Erweiterung, dem Nierenbecken, das durch Zusammentritt einiger größerer Gänge gebildet wird (Abb. 60).

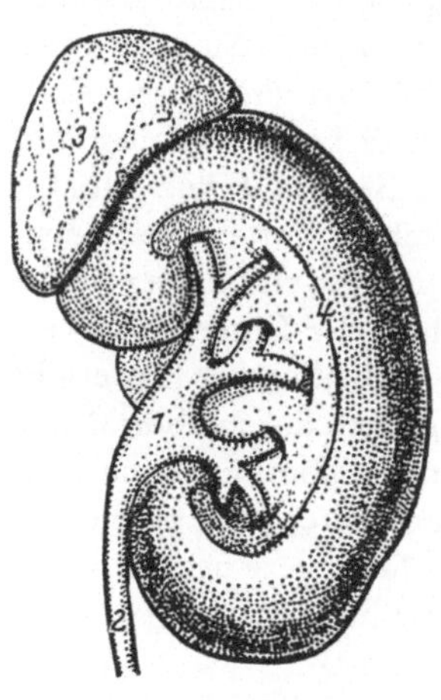

Abb. 60. Linke Niere und Nebenniere. Von der Niere ein Stück Vorderwand weggenommen. *1* Nierenbecken, *2* Harnleiter, *3* Nebenniere, *4* Schnittrand

Durch die beiden Nieren strömen im Laufe von 24 Stunden 1500 Liter Blut, das sind 20% der vom Herzen in Umlauf gebrachten 7500 Liter. Dank dieser großen Durchflußmenge können die Nieren laufend die Zusammensetzung des Blutes sehr genau kontrollieren und regulieren. So schwankt die Tagesmenge des von ihnen ausgeschiedenen Wassers zwischen ½ Liter bei starkem Schwitzen und 4 Liter und mehr je nach der Flüssigkeitszufuhr. Wichtiger noch ist die Ausscheidung der giftigen Stoffwechselprodukte. Bei Ausfall der Nierenfunktion führen sie zum Tode, der Körper vergiftet sich selbst. Die Nieren sind also unbedingt lebenswichtige Organe. Immerhin darf eine von beiden entfernt werden, da die andere durch Vergrößerung die Funktion der entfernten mit übernehmen kann.

Die Nieren liegen neben der Lendenwirbelsäule an der Hinterwand des Bauchraumes außerhalb des Bauchfells (Abb. 59). Die *Harnleiter* (Abb. 2) ziehen als dünne Schläuche von zwei bis drei Millimeter lichter Weite nach abwärts ins Becken und münden dort in den Grund der *Harnblase*, in der der Harn bis zur Entleerung angesammelt wird. Ihre Füllung geschieht nach dem Prinzip der hydraulischen Presse, ein geringer Druck, durch die Muskulatur der engen Harnleiter erzeugt, genügt, um den Harn in die weite Harnblase auch bei zunehmendem Binnendruck einströmen zu lassen und den Rückstrom zu verhindern. Überdies findet sich an der Harnleitermündung ein Ventil, so daß unter normalen Bedingungen keinesfalls Harn in die Harnleiter zurückströmen kann. Ist die Harnblase nur wenig gefüllt, hat sie Schüsselform (Abb. 63), voll gefüllt ist sie walzenförmig. Ein Geflecht von Bündeln glatter Muskulatur in ihrer Wand kann den Inhalt unter Druck setzen und durch die Harnröhre nach außen entleeren, sofern der Schließmuskel, der sich am Ausgang in die Harnröhre befindet, erschlafft. Für gewöhnlich ist umgekehrt der Schließmuskel zusammengezogen und die übrige Muskulatur in Ruhe. Wird bei der Füllung ein bestimmter Dehnungsdruck der Harnblasenwand erreicht, kehrt sich dieses Verhalten der Muskeln um, und der Harn wird von der Wandmuskulatur ausgepreßt. Allerdings kann noch ein dem Willen unterstehender Schließmuskel eingreifen. Die Entleerung der Blase ist ebenso wie die Darmentleerung durch das Nervensystem gesteuert. Von Natur aus öffnen sich Harnblase und Mastdarm gleichzeitig, erst durch Erziehung lernen wir beide Vorgänge beherrschen und trennen, was die Mutter viel Mühe und Geduld gekostet hat. Noch beim Erwachsenen kann Angst oder Schreck bei der Blase ebenso störend eingreifen wie bei Magen und Darm.

Von den Organen der Fortpflanzung

Das Problem der Fortpflanzung hat zu allen Zeiten die Menschen lebhaft beschäftigt, das Geheimnisvolle und Wunderbare daran hat ihre Neugierde erregt und zu religiösen Mythen und philosophischen Erörterungen Anlaß gegeben. Heute kennen wir viele Einzelheiten sehr genau, und manche meinen, schon den Stein der Weisen in der Hand zu haben. Eine eigene Wissenschaft, die Genetik, beschäftigt sich mit diesen Fragen. Ihren Wegen und Irrwegen nachzugehen, müssen wir uns hier versagen und uns beschränken auf das, was man an Präparaten mit Händen greifen und im Mikroskop mit Augen sehen kann. Auch das ist wunderbar genug.

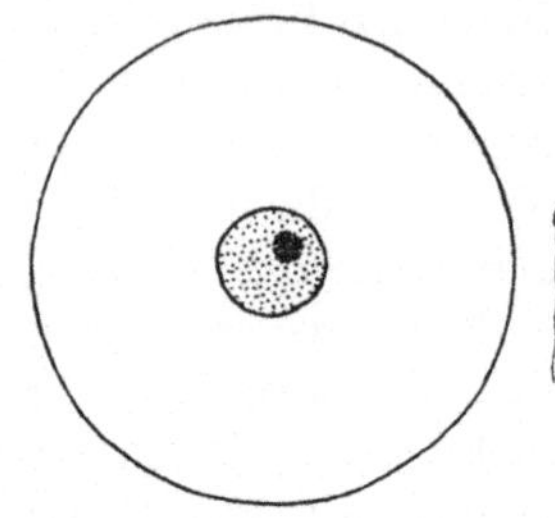
Abb. 61. Eizelle und Samenzelle. Vergrößerung 250fach

Die Entwicklung des neuen Organismus beginnt mit der *Befruchtung*, mit der Vereinigung der männlichen und weiblichen Keimzelle. Die weibliche Keimzelle, die *Eizelle* (Abb. 61), ist eine Kugel mit einem Durchmesser von etwas mehr als 0,1 Millimeter, die größte Zelle des menschlichen Körpers. Die männliche Keimzelle, der *Samenfaden*, ist winzig dagegen, ein Faden von 0,001 Millimeter Dicke, 0,05 Millimeter lang, mit einer scheibenförmigen Verbreiterung am einen Ende. Dieser „Kopf" enthält den Zellkern. Die Keimzellen werden in den Keimdrüsen, den Hoden und Eierstöcken gebildet.

Von den weiblichen Fortpflanzungsorganen

Die weiblichen Keimdrüsen, die beiden *Eierstöcke* (Abb. 62), sind rundliche Körper von vier bis fünf Zentimeter Länge und 2 ½ Zentimeter Durchmesser. Diese Maße gelten für die Zeit ihrer höchsten Ausbildung um das 20. Lebensjahr. Schon vom 30. Jahr an beginnt langsam die Rückbildung, die nach den Wechseljahren in verstärktem Maße fortgesetzt wird. Im hohen Alter ist nur noch ein kleines unscheinbares Gebilde übrig. In beiden Eierstöcken zusammen sind beim neugeborenen Mädchen etwa 400000 Ur-Eizellen vorhanden, von denen aber höchstens 400 bis 500 zur Reife gelangen, die übrigen gehen vorher zugrunde. Die einzelne *Eizelle* reift in einem flüssigkeitserfüllten Bläschen heran, das bis zu einem Durchmesser von einem Zentimeter heranwächst. Ist die Eizelle bis zur Befruchtungsfähigkeit entwickelt, platzt das Bläschen, das inzwischen an die Oberfläche des Eierstockes gewandert ist, und die Eizelle wird mit der Flüssigkeit herausgeschleudert. Bei den meisten Säugetieren fällt sie in einen kleinen beutelförmigen Raum, aus dem sie in den Eileiter gesaugt wird,

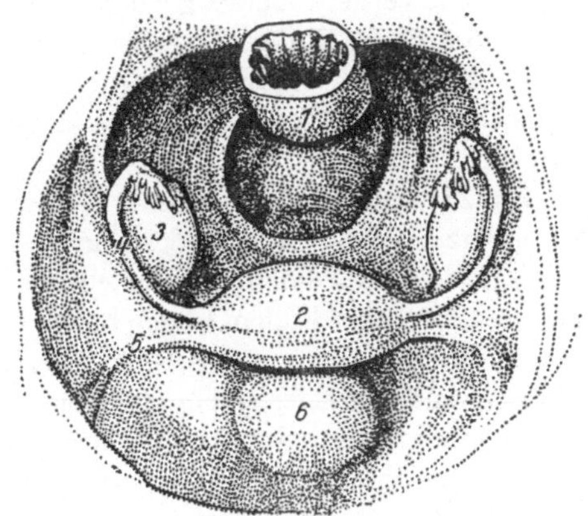

Abb. 62. Einblick in das weibliche Becken. *1* Mastdarm, *2* Gebärmutter, *3* Eierstock, *4* Eileiter, *5* rundes Gebärmutterband, *6* Harnblase

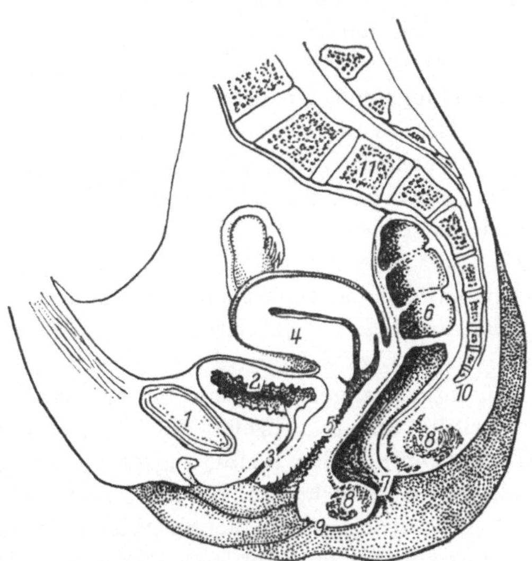

Abb. 63. Weibliche Beckenorgane, Schnitt in der Mittelebene. *1* Schamfuge des Beckens, *2* Harnblase, *3* Harnröhre, *4* Gebärmutter, *5* Scheide, *6* Mastdarm, *7* After, *8* dessen Schließmuskel, *9* Damm, *10* Spitze des Steißbeines, *11* Kreuzbein

der sie in die Gebärmutter führt. Beim Menschen gibt es diesen Beutel nicht, deshalb kommt es nicht selten vor, daß sich die Eizelle in die Bauchhöhle verliert. Der Regel nach wird dies dadurch verhindert, daß Fortsätze des Eileiters zur Zeit des bevorstehenden Bläschensprunges den Eierstock umgreifen und sich tastend hin und her bewegen. So können sie die Eizelle abfangen und in den Eileiter befördern.

Der etwa zehn Zentimeter lange *Eileiter* beginnt mit einem Kranz dieser Fortsätze, die die Öffnung des Ganges umstehen. Sie sind wie der ganze Eileiter mit einem Flimmerepithel besetzt, d. h., die Zellen, die ihre Oberfläche bilden, tragen bewegliche Härchen, die durch rhythmische Schläge in der dünnen Flüssigkeitsschicht auf dem Eierstock und im Eileiter einen Strom erzeugen, der gegen die Gebärmutter hin gerichtet ist. Wenn die Eizelle in den Bereich dieses Stromes gelangt, wird sie von ihm in die Öffnung des Eileiters mitgenommen. Im Eileiter übernimmt dann dessen Muskulatur die Weiterbeförderung. Innerhalb von vier Tagen ist der Weg bis in die Gebärmutter zurückgelegt.

Die Begegnung mit den Samenzellen und die *Befruchtung* findet im erweiterten Anfangsteil des Eileiters statt. Sofort danach beginnt die Entwicklung mit der Teilung der Eizelle in zwei, vier usw. Zellen, so daß das Ei als Kugel von acht bis zehn Zellen in der Gebärmutter anlangt. Nach weiteren zwei Tagen ist es zu einem Bläschen geworden, dessen eine Wandhälfte, an welcher die Embryonalanlage liegt, die Fähigkeit besitzt, Gebärmutterschleimhaut zu zerstören. Dadurch kann sich die Fruchtblase in die Schleimhaut einnisten und sich auch für ihr weiteres Wachstum den nötigen Raum schaffen. Die Gebärmutterschleimhaut ist für die Aufnahme des Eies besonders vorbereitet, sie ist verdickt worden, durch Flüssigkeit aufgelockert und blutgefäßreich. Ist keine Befruchtung erfolgt und die Eizelle, die höchstens zwei Tage lebens- und befruchtungsfähig bleibt, zugrunde gegangen, wird diese Auflockerung und reiche Durchblutung noch etwa 14 Tage fortgesetzt. Dann wird die ganze Schleimhaut bis auf geringe Reste unter Blutaustritt abgestoßen (Abb. 64). Das äußere Zeichen ist die *menstruelle Blutung*. Nach einigen Tagen wird von dem verbliebenen Rest aus sehr schnell eine neue Schleimhaut aufgebaut. So wiederholt sich der Prozeß in einem Zyklus von gewöhnlich

28 Tagen. Die befruchtungsfähige Eizelle tritt in der Regel zwischen dem 12. und 16. Tage nach Beginn der letzten Blutung aus dem Eierstock aus. Es besteht also hohe Wahrscheinlichkeit, daß außerhalb dieser wenigen Tage keine Befruchtung einer Eizelle, keine Empfängnis, erfolgen kann, aber völlig sicher ist dies nicht, ausnahmsweise kann auch an einem anderen Tage der Bläschensprung erfolgen.

Es kann vorkommen, daß gleichzeitig zwei reife Eizellen austreten und befruchtet werden, das gibt dann *Zwillinge*. Es kann

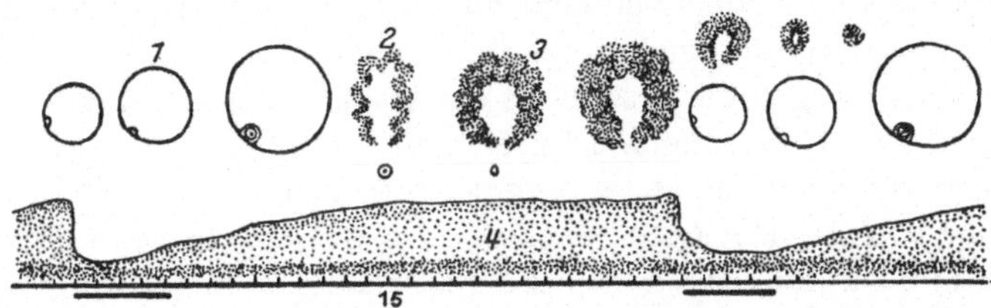

Abb. 64. Schema des menstruellen Zyklus. Frei nach R. SCHRÖDER. *1* reifende Bläschen mit Eizelle, *2* Eizelle ausgestoßen, *3* umgewandelte Bläschenwand, die bei Schwangerschaft zur Hormondrüse weitergebildet wird, *4* Gebärmutterschleimhaut, *15* 15. Tag des Intervalles, Strich Blutung

aber auch geschehen, daß sich aus einer einzigen befruchteten Eizelle zwei Kinder entwickeln, die dann stets gleichen Geschlechtes sind, sich zum Verwechseln ähnlich sehen und sich auch im ferneren Leben sehr ähnlich verhalten. Das sind die eineiigen Zwillinge, während die zweieiigen sich nicht ähnlicher sind als sonst Geschwister und verschiedenen oder auch gleichen Geschlechtes sein können.

Wird die Eizelle befruchtet, wird die Wand des Bläschens, in welchem sie sich im Eierstock entwickelt hatte, auf die Dauer der Schwangerschaft zu einer Hormondrüse umgebildet, deren Sekret die Ausstoßung der Gebärmutterschleimhaut und den Austritt weiterer Eizellen aus dem Eierstock verhindert, d. h., daß es den Zyklus der Eireifung und der Schleimhautveränderungen aufhebt. Auch ist es maßgeblich an den mannigfachen physischen und psychischen Veränderungen beteiligt, welche der weibliche Organismus während der Schwangerschaft, besonders während der ersten, erfährt. Bleibt die Befruchtung aus, wird die Hormondrüse nicht gebildet.

Im Eierstock wachsen ständig neue Eizellen langsam zur Reife heran, und in der Gebärmutter vollzieht sich ununterbrochen die Wandlung der Schleimhaut. Beide Vorgänge sind aufs Feinste aufeinander abgestimmt, teils durch Hormone, teils durch das Nervensystem, und können durch Krankheit aber auch schon durch geringe Änderung der Lebensgewohnheiten und des seelischen Gleichgewichtes gestört und aufgehoben werden. Dem Arzt liefern sie daher wichtige Hinweise. Selbst ein scheinbar so einfacher und ganz örtlich begrenzter Vorgang wie der Austritt der Eizelle aus dem Eierstock geht mit einer leichten Erhöhung der Körpertemperatur einher. Bei manchen Frauen welken in den schlechten Tagen die Blumen in der Hand, sogar am Kleid. Auf Grund alter Erfahrungen schließt man deshalb Frauen in diesen Tagen von der Weinlese und vom Obsteinkochen aus.

Die *Gebärmutter* (Abb. 62, 63), von der wir bisher nur die Schleimhaut kennengelernt haben, ist acht Zentimeter lang, vier Zentimeter breit und zweieinhalb Zentimeter dick, etwas unterhalb der Mitte ein wenig nach vorn eingeknickt. Der Knick bezeichnet äußerlich die Grenze zwischen zwei funktionell ganz verschiedenen Abschnitten, die man als Körper und Hals bezeichnet. Die geschilderten zyklischen Veränderungen der Schleimhaut gehen nur im Körper vor sich, nur der Körper vergrößert sich bei der Schwangerschaft. Der Hals ist bei alledem unbeteiligt, er wird erst von den Geburtswehen erweitert und für den Durchtritt des Kindes eröffnet. Der Hohlraum der Gebärmutter ist im Bereiche des Halses ein runder Kanal, der sich nach außen öffnet, im Bereiche des Körpers ein enger Spalt, sodaß sich Vorder- und Hinterwand berühren. Das hat besondere Bedeutung für die Wanderung der Samenfäden zum Orte der Befruchtung. Die Wand der Gebärmutter ist ein Zentimeter stark und besteht aus glatter Muskulatur mit zwischengeschaltetem gefäßführendem Bindegewebe. Die Schleimhaut ist je nach ihrem Funktionszustande zwei bis vier Millimeter dick. Bei der Vergrößerung in der Schwangerschaft wird die Muskelwand allmählich dünner, und die einzelnen Muskelzellen wachsen auf ein Vielfaches ihrer Länge. Trotzdem reicht der anfängliche Bestand an Muskelzellen nicht aus, es werden noch viele neue gebildet, aus Mesenchymzellen, die in dem Bindegewebe zwischen den Muskelbündeln enthalten sind.

Der Hals der Gebärmutter ist in die Vorderwand der Scheide eingelassen, etwas unterhalb von deren blindem Ende (Abb. 63). Die Scheide ist ein dünnwandiger Schlauch; am Ende der Schwangerschaft wird durch Vermehrung der Gewebsflüssigkeit ihre Wand sehr stark aufgelockert und dehnbar gemacht, ebenso wie die Muskeln, die das Becken abschließen, sodaß alles vor dem durchtretenden Kinde ausweichen kann. Selbst die Fugen des festgefügten Beckens geben dann ein wenig nach.

Von den männlichen Fortpflanzungsorganen

Die männlichen Keimdrüsen, die *Hoden*, haben ungefähr die gleiche Form und Größe wie die Eierstöcke, sind aber im Inneren gänzlich anders gebaut. Sie bestehen aus einer großen Zahl von gewundenen Kanälchen, deren Epithelzellen durch mancherlei Umbildungen in Samenfäden umgewandelt werden. Die Kanälchen münden in einen gemeinsamen Ausführgang, der am oberen Pol des Hodens beginnend mit zahllosen Windungen einen länglichen Körper bildet, den *Nebenhoden*, der dem Hoden an der Rückfläche anliegt (Abb. 65). Der Nebenhoden enthält nur den einen einzigen, ungefähr fünf Meter langen zwirnsfadendicken Gang. Er ist der Speicher für die befruchtungsfähigen Samenfäden. Das gilt besonders für sein etwas erweitertes Ende, das sich in den *Samenleiter* fortsetzt, der oberhalb der Leistenbeuge durch einen Spalt in den Bauchmuskeln in den Bauchraum eintritt und an der seitlichen Beckenwand gegen den unteren Pol der Harnblase zieht. Hier durchsetzt er die Vorsteherdrüse (Prostata, Abb. 65) und mündet innerhalb von ihr in die Harnröhre, die von da an gemeinsamer Weg für den Harn und den Samen ist. Außerhalb des Beckens wird sie dann von Schwellkörpern umgeben, deren weite Bluträume gewöhnlich fast blutleer sind, da Sperrvorrichtungen in den zuführenden Arterien nur ganz wenig Blut durchlassen. Öffnen sich diese Sperren, werden die Schwellkörper nach dem Prinzip der hydraulischen Presse mit Blut gefüllt.

Die *Vorsteherdrüse*, die *Prostata*, ist ungefähr so groß und so geformt wie eine Roßkastanie, wird von der Harnröhre unmittelbar nach deren Austritt aus der Harnblase durchsetzt und liegt dem Blasengrunde und nach rückwärts dem Mastdarm an. Ihr äußerlich einheitlicher Körper beherbergt eine Anzahl selbständiger

Drüsen, die alle in die Harnröhre münden in unmittelbarer Nachbarschaft der Samenleiter.

Die Zahl der *Samenfäden* ist außerordentlich groß. Bei einem einzigen Samenerguß werden schätzungsweise 200—300 Millionen entleert. Sie waren im Endstück des Nebenhodens gespeichert.

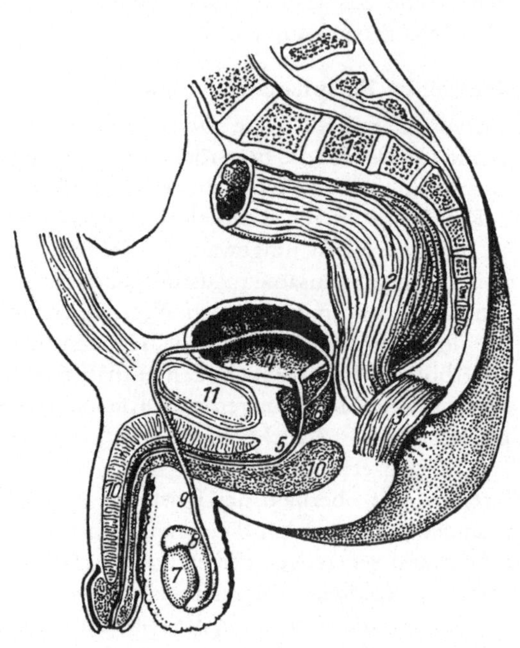

Abb. 65. Männliches Becken, Harnblase, Prostata und Harnröhre in der Mittelebene durchschnitten. *1* Kreuzbein, *2* Mastdarm (gefüllt), *3* Schließmuskel des Afters, *4* Harnblase (etwa halb gefüllt), *5* Harnröhre, *6* Prostata, *7* Hoden, *8* Nebenhoden, *9* Samenleiter, *10* Schwellkörper, *11* Schamfuge des Beckens

Den langen Weg bis zur Harnröhre hin werden sie durch die sehr kräftige glatte Muskulatur des Samenleiters befördert, in der Harnröhre weiter durch rhythmische Kontraktionen von Muskeln am Beckenboden. Nach dem Austritt aus der Harnröhre müssen sie den Weg im weiblichen Organismus durch Eigenbewegung zurücklegen. Dafür bekommen sie bei ihrer Reifung im Hoden ein bestimmtes Quantum Energie. Durch ein Sekret des Nebenhodens werden sie aber bewegungsunfähig gemacht, so daß von dieser Energie nichts verbraucht wird. Erst wenn sie ausgestoßen werden und in die Harnröhre gelangt sind, werden sie dort durch das Sekret der Vorsteherdrüse wieder beweglich für die Strecke durch die Gebärmutter bis zum Anfangsteil des Eileiters. Durch schlängelnde Bewegungen ihres fadenförmigen Schwanzes schwimmen sie vorwärts in der dünnen Flüssigkeitsschicht, die von der Gebärmutter- und Eileiterschleimhaut abgesondert worden ist. Diese Flüssigkeit strömt infolge der Flimmerbewegung des Epithels in der Richtung vom Eierstock weg zur Gebärmutter hin. Die Strömung ist die Voraussetzung für die Vorwärtsbewegung der Samenfäden, sie werden durch sie ausgerichtet mit dem Kopf gegen den Strom und werden auf diese Weise durch die engen Spalten des Gebärmutter- und Eileiterhohlraumes geleitet. In dem Flimmerstrom schwimmen sie mit einer Geschwindigkeit von etwa 3 Millimeter in der Minute oder 0,05 Millimeter in der Sekunde vorwärts. Ein Samenfaden kann also günstigstenfalls in etwa zwei Stunden im Anfangsteil des Eileiters angelangt und hier auf die Eizelle gestoßen sein. Aus dem Zahlenverhältnis zwischen Samenfäden und Eizelle darf man schließen, daß die Wahrscheinlichkeit für den einzelnen Samenfaden, die Eizelle zu erreichen und zu befruchten, höchstens 1:200 Millionen ist. Ein ähnliches Verhältnis finden wir bei allen Tieren und auch bei den Pflanzen, besonders den Windblütlern. An der Eizelle angelangt, dringt der Kopf des Samenfadens, also der Kern der Samenzelle, in die Eizelle ein und vereinigt sich mit dem Eikern. Damit ist die *Befruchtung* vollzogen. Die übrigen Millionen und Milliarden von Samenfäden gehen zugrunde.

Von den Atmungsorganen

Von den Lungen und der Atmung

In den *Lungen* findet die Atmung statt, die Aufnahme von Sauerstoff aus der Luft in das Blut und die Abgabe der Kohlensäure aus dem Blut an die Luft. Die Luft wird den Lungen zugeführt durch die Luftröhre, deren oberem Ende der Kehlkopf vorgesetzt ist (Abb. 54). In den Kehlkopf gelangt sie durch den Rachen und seine beiden Zugänge, die Nasenhöhle und die Mundhöhle (Abb. 45). Die beiden Lungen sind äußerlich etwas verschieden, die linke ist ein wenig kleiner infolge der Linkslage des Herzens (Abb. 53).

Auf einem Schnitt sieht die Lunge aus wie ein feinporiger Schwamm (Abb. 66a), nur sind die Poren enger, mit bloßem Auge eben noch sichtbar. In diesen Poren, den *Lungenbläschen*, geht der Gasaustausch vor sich. Ihre Wände sind sehr dünn, sie bestehen fast nur aus wenigen elastischen Fasern und einem engmaschigen Netz von Blutkapillaren (Abb. 66b). Ihr Epithel wird von einer einfachen Schicht wandelbarer Zellen gebildet, die entweder flach ausgebreitet sind und in geschlossener Lage das Kapillarnetz überziehen oder sich voneinander ablösen, sich abrunden und die Kapillaren freigeben. Dadurch können sie in den Gasaustausch regulierend eingreifen. Es ist doch nicht so, daß der Sauerstoff einfach als Gas unmittelbar aus der Luft an das Hämoglobin in den roten Blutkörperchen herankommen könnte. Er muß zunächst einmal in Wasser gelöst werden. Dies geschieht in der wasserdampfgesättigten Atmosphäre der Bläschen an der nassen Oberfläche ihrer Wände. Nur in Wasser gelöst kann er von den Epithelzellen der Bläschen und von den Endothelzellen der Blutkapillaren aufgenommen und an die Blutflüssigkeit weitergegeben werden, aus der er dann in die roten Blutkörperchen gelangt. In den Organen des Körpers macht er diesen Weg zurück: aus den roten Blutkörperchen durch die Blutflüssigkeit und durch die Endothelzellen der Kapillaren zunächst in die Gewebsflüssigkeit und erst aus ihr in die einzelnen Zellen.

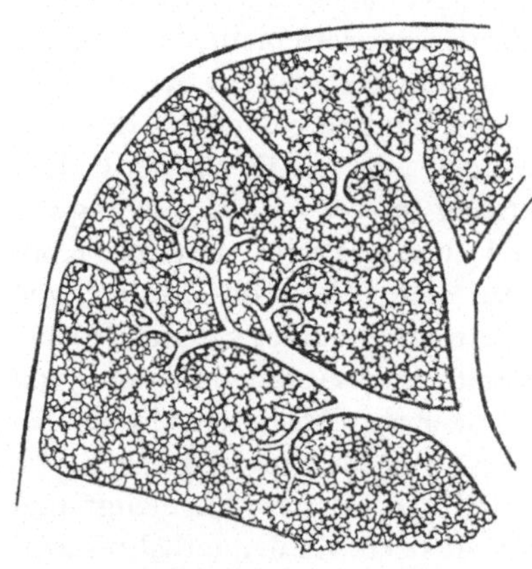

Abb. 66a. Verzweigung des Bronchus bis in die Lungenbläschen, Schema. Nach H. v. Hayek. Vergrößerung etwa 6fach

Die Lungenbläschen sind die letzten Enden der Luftröhrenäste (Abb. 66a), ihre Zahl beträgt in beiden Lungen zusammen ungefähr 75 Millionen, ihre Gesamtoberfläche ungefähr 50 Quadratmeter. Die Kapillaren in ihrer Wand können sich wie überall erweitern und verengern. Wenn sie sich völlig erweitern, nehmen sie fast die ganze Oberfläche des Bläschens ein, die Austauschoberfläche zwischen Luft und Blut hat dann ihre größtmögliche

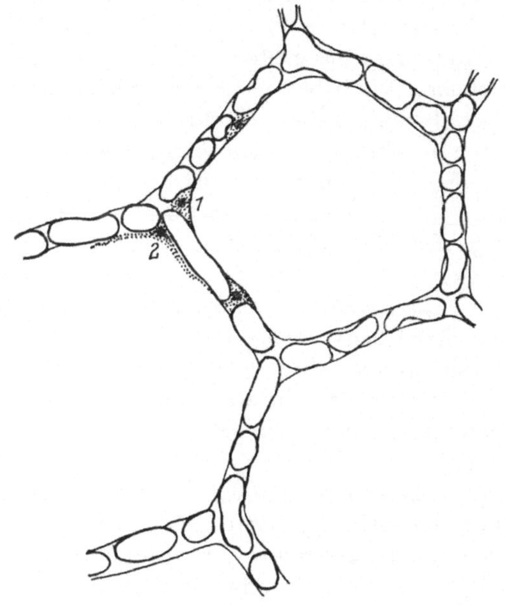

Abb. 66b. Schnitt durch Lungenbläschen mit ihren Blutkapillaren. *1* Epithelzelle, zusammengezogen, *2* Epithelzelle, ausgebreitet. Vergrößerung 250fach

Ausdehnung. Überdies ist jede Bläschenwand und damit auch ihr Kapillarnetz immer zwei benachbarten Bläschen gemeinsam, so daß die Kapillaren stets auf beiden Seiten mit der Luft in Berührung stehen (Abb. 66b).

In jede Lunge tritt ein Ast der Luftröhre, ein *Bronchus*, ein (Abb. 54) und verzweigt sich in ihr durch fortgesetzte Aufgabelung. Ebenso erhält jede Lunge einen Ast der Lungenarterie, die aus der rechten Herzkammer hervorgeht und sich in einen rechten und linken Ast teilt. Ihre Verzweigungen schließen sich den Bronchen an und gelangen auf diese Weise zu dem Kapillarnetz der

Lungenbläschen. Das Kapillarnetz des einzelnen Bläschens hängt mit dem der Nachbarn zusammen durch die ganze Lunge hindurch. Dagegen sind die Äste der zuführenden *Lungenarterien* nicht miteinander verbunden, sondern versorgen jeder für sich nur einen bestimmten Teil des Kapillarnetzes. Wird ein Ast verstopft, fällt sein Versorgungsgebiet für den Gasaustausch und die Atmung aus. Je größer der Ast, desto größer der Ausfall. Daher die große Gefahr der Verstopfung eines größeren Astes der Lungenarterie, der Lungenembolie. Wir haben ja keinen Sauerstoffspeicher in unserem Körper, der an das Blut gebundene Sauerstoff reicht für kaum mehr als eine Minute aus. Die Lungenkapillaren müssen ständig Sauerstoff aufnehmen können, dazu muß die Luft in den Lungenbläschen ständig erneuert werden, Herz, Lungen und Atemmuskeln dürfen nicht ruhen. Um so merkwürdiger, daß bei diesen beiden Organen die Gefahr des Ausfalls großer Kapillargebiete besteht *(Lungenembolie, Herzinfarkt)*. Das gilt übrigens auch für zwei andere lebenswichtige Organe, die Nieren und das Gehirn. Im ganzen übrigen Körper stehen die Arterienäste untereinander in Verbindung, der Chirurg kann ohne Bedenken fast jede Arterie unterbinden außer den großen Ästen der Aorta, den Verteilerstämmen.

Die Lungenembolie bringt noch eine andere Gefahr mit sich, das Versagen des *Blutkreislaufes*. Wird ein Ast der Lungenarterie verstopft, kann nur entsprechend weniger Blut durch die Lungen hindurchfließen, d. h., daß die Durchflußmenge im kleinen Kreislauf herabgesetzt ist. Handelt es sich um einen nicht sehr großen Ast, kann die Verminderung ausgeglichen werden. Wird aber ein großer Ast verlegt, werden die Durchflußmengen im kleinen und großen Kreislauf, die doch gleich sein müssen, plötzlich so verschieden, daß alle Möglichkeiten des Ausgleiches nicht mehr ausreichen, das Herz müßte momentan den Gesamtkreislauf umstellen, was schon rein technisch unmöglich ist. Der plötzliche Verlust eines großen Teiles der Atmungsoberfläche zusammen mit der schweren Belastung des Kreislaufs kann dann nicht schnell genug überwunden werden.

Die Lungen sind eingelagert in den Brustkorb, dessen Wände von Rippen, Brustbein und Zwischenrippenmuskeln gebildet werden. Ohne die knöchernen Stützen wäre kein Atmen möglich, auch hätte der Rumpf keine bleibende Form. Der Brustraum enthält zwei *Brusthöhlen*, für jede Lunge eine, die durch eine Scheidewand getrennt sind, das *Mittelfell*, in welchem das Herz in einer eigenen Höhle, dem Herzbeutel, liegt (Abb. 53). Wie die Bauchhöhle sind diese Höhlen mit einer spiegelglatten Haut, ähnlich dem Bauchfell, austapeziert, dem *Brustfell* oder *Rippenfell*. Es überzieht auch die Lungen wie das Bauchfell die Baucheingeweide.

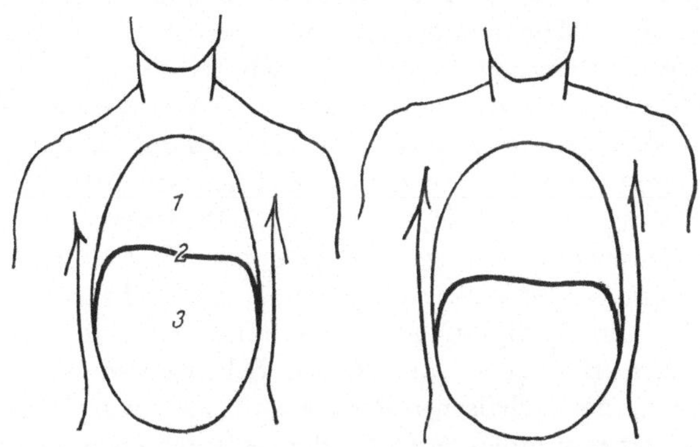

Abb. 67. Brust- und Bauchraum bei äußerster Ausatmung (links) und äußerster Einatmung (rechts), auf Grund von Röntgenaufnahmen. Nach A. HASSELWANDER. *1* Brustraum, *2* Zwerchfell, *3* Bauchraum

Das gleiche gilt für den *Herzbeutel* und das Herz. Wie in der Bauchhöhle gehen alle Bewegungen des Herzens und der Lungen gegen ihre Wände reibungslos vor sich.

Den unteren Abschluß des Brustraumes bildet das *Zwerchfell* (Abb. 54), ein kuppelförmiger Muskel, der rings vom unteren Rande des Brustkorbes entspringt. Die Muskelbündel steigen ganz steil nach oben auf, biegen dann um und gehen in Sehnenbündel über, die sich zu einer großen Sehnenplatte verflechten. Sie ist in der Mitte etwas eingesenkt, sodaß man eine rechte und linke Kuppel zu unterscheiden pflegt. Auf der Einsenkung liegt das Herz. Zieht sich der Muskel zusammen, werden die Kuppeln abgeflacht und nach abwärts gezogen (Abb. 67). Dazu ist nötig, daß die den Kuppeln anliegenden Bauchorgane, Leber und Magen, nach abwärts ausweichen. Das geht nur, wenn die Bauchwand nach vorn und nach der Seite nachgibt und sich vorwölbt. Zeichen der

Zwerchfelltätigkeit ist ihr Vor und Zurück, die „*Bauchatmung*". Durch sie wird der Brustraum in der Richtung von oben nach unten erweitert (Abb. 67). Die Bauchwand kann diese Bewegungen ausführen, da sie aus Muskeln besteht. Diese *Bauchmuskeln* sind Träger und Halter der Baucheingeweide, die sonst ihrer Schwere folgend nach abwärts sinken und einen Hängebauch verursachen würden. Für die Bauchatmung geben sie beim Einatmen nach und ziehen sich beim Ausatmen wieder zusammen. Das gleiche tun sie, wenn Magen und Darm mit Speisen gefüllt und dann wieder entleert werden. Das Gefühl, den Leibriemen weiter oder enger schnallen zu müssen, ist die Folge davon. Gemeinsam mit den Rückenmuskeln bewirken sie die mannigfachen Rumpfbewegungen, die in der Lendenwirbelsäule stattfinden. Auf jeder Seite sind es vier Muskeln, die sich vom Brustkorb zum Becken ausspannen, zwei in schräger Richtung, einer in querer und einer in senkrechter. Der senkrechte zieht als breites Band neben der Mittellinie und bedingt die zwei oder drei queren Furchen, die die griechischen Bildhauer vom starren Schema des schreitenden Jünglings in der archaischen Periode an bis zur barocken Bauchgrimasse des tanzenden Satyrs in der hellenistischen Zeit immer wieder dargestellt haben.

Die Rippen sind von einer zur anderen durch kurze Muskeln verbunden, die den ganzen Zwischenraum zwischen je zwei Rippen verschließen, die *Zwischenrippenmuskeln*. Durch ihre Tätigkeit werden die *Rippen* und damit der ganze Brustkorb gehoben und gesenkt. Das ist möglich, weil die Rippen mit den Wirbeln und mit dem Brustbein durch Gelenke verbunden sind und in ihrem vorderen Abschnitt aus biegsamem Knorpel bestehen. Hebung des Brustkorbes bedeutet Erweiterung des Brustraumes in der Richtung von rechts nach links und von vorn nach hinten, „*Brustatmung*". Durch die kombinierte Brust- und Bauchatmung wird der Brustraum nach allen Richtungen vergrößert, und es wird in ihm ein Unterdruck erzeugt, der dadurch ausgeglichen wird, daß Luft durch die Luftröhre in die Lungen einströmt. Das nennt man *Einatmung*. Lassen die Muskelkräfte nach, die den Unterdruck erzeugt haben, so kehrt der Brustkorb in seine elastische Ruhelage zurück, und Luft wird aus den Lungen ausgedrückt, *Ausatmung*. Die an elastischen Fasern sehr reichen Lungen folgen den Veränderungen des Brustraumes, werden bei der Einatmung größer und bei der Ausatmung wieder kleiner.

In den *Brusthöhlen* herrscht dauernd ein geringer unteratmosphärischer Druck. Das hat zur Folge, daß die Lungen, hauptsächlich die Lungenbläschen, immer und unter allen Umständen durch den Atmosphärendruck entfaltet sind. Bei der Einatmung werden sie weiter ausgedehnt und die elastischen Fasern in ihnen weiter gespannt. Das bedeutet, daß bei der Einatmung die Atemmuskeln nicht bloß gegen den Atmosphärendruck arbeiten müssen, sondern auch gegen die gespannten elastischen Fasern der Lungenbläschen. Die Atembewegungen werden von einer bestimmten Stelle im Gehirn, dem Atemzentrum, auf dem Wege des vegetativen Nervensystems in Gang gehalten. Wir vollziehen sie unwillkürlich, sonst würden wir im Schlafe ersticken, aber wir können sie auch mit unserem Willen beeinflussen. Das ist die Grundlage für die Atemtechnik des Sängers und des Sportlers, und mit Atemgymnastik kann eine falsche Art zu atmen behoben werden. Der Brustkorb ist auch nicht so steif, wie er aussieht. Wir können ihn im ganzen heben und senken oder aber mehr seinen oberen oder mehr seinen unteren Teil bewegen. Das ergibt die obere *Rippenatmung* und die *Flankenatmung*. Legen wir uns auf eine Seite, steht die aufliegende Brustkorbhälfte fast still, die freie bewegt sich um so ausgiebiger. Auch Liegen auf dem Rücken erschwert die Bewegung der Rippen, in aufrechter Haltung hebt sich der Brustkorb leichter, besonders wenn er durch Aufstützen der Arme von deren Gewicht entlastet wird. Alte Männer sitzen nicht aus bloßer Faulheit gern in einem bequemen Sessel mit Armlehnen.

Von der Luftröhre und dem Kehlkopf

Die *Luftröhre* (Abb. 54) ist ein zehn bis zwölf Zentimeter langes Rohr von zwei Zentimeter lichter Weite. Ihre Wand ist durch Knorpelringe gestützt, dadurch bleibt sie trotz der Schwankungen des Luftdruckes beim Ein- und Ausatmen unverändert offen. Ihre Verzweigungen, die *Bronchen*, behalten die Knorpelstützen bei bis tief in die Lungen hinein. Bei den Vögeln sind die Luftröhrenringe knöchern, und als Kinder haben wir uns, wenn in der Küche die obligate Martinsgans ausgenommen wurde, die „Gurgel" geben lassen, haben ein paar Erbsen hineingesteckt und die

Enden zum Ring ineinandergeschoben, den Ring dann getrocknet. So bekamen wir eine billige Rassel. Tempi passati!

Die Schleimhaut der Luftröhre und ihrer Äste enthält zahlreiche Drüsen, die ein wäßriges und schleimiges Sekret liefern, zur Benetzung der Oberfläche. Ein kehlkopfwärts gerichteter Flimmerstrom bewegt die dünne Schicht nach außen. Bei der Bronchitis ist die Menge des Sekretes stark vermehrt (Auswurf) und bewirkt das Pfeifen und Rasseln beim Atmen.

Die Luftröhre beginnt am *Kehlkopf* (Abb. 45, 54), der ursprünglich nur ihr Tor und ihr Pförtner ist. So bildet er beim Frosch eine Art zweiflügeliger Tür, die für gewöhnlich geschlossen ist und nur zu den Atemzügen geöffnet wird; der Frosch atmet ja in der Hauptsache mit der Haut, nur wenig mit der Lunge. Beim Menschen steht der Kehlkopf für die Atmung ständig offen, hat aber die Funktion als Pförtner nicht verloren, Fremdkörper, die seine Schleimhaut berühren, wirft er durch Hustenstöße zurück. Wenn freilich jemand mit vollem Munde heftig einatmet, beim Lachen oder wegen eines Hustenreizes, kann es wohl geschehen, daß ein Brocken den wachsamen Pförtner überrumpelt. Für gewöhnlich vergessen wir seine schützende Funktion über seiner Tätigkeit als Stimmorgan. Wir sprechen zwar nicht mit ihm, aber er bestimmt die Tonhöhe unserer Sprech- und Singstimme, ohne ihn ist die Stimme tonlos und heiser *(Flüstersprache)*.

Der Kehlkopf hat ein Skelett aus Knorpeln. Der größte von ihnen, der *Schildknorpel*, ist unter der Haut leicht zu fühlen, beim Manne springt er als *Adamsapfel* sichtbar hervor (Abb. 45). In das Skelett ist der Stimmapparat eingebaut, ähnlich wie in die Orgelpfeife die „Zunge“. Er besteht aus den Stimmbändern und Muskeln. Mit dem Kehlkopfspiegel kann man in den Kehlkopf hineinsehen (Abb. 68). Was dabei am meisten auffällt, sind die beiden gelbweißen *Stimmbänder* und die *Stimmritze* zwischen ihnen. Man kann die Bewegungen der Stimmbänder beim Atmen und Tonerzeugen beobachten, aber die Hauptsache kann man nicht erkennen, die beiden *Stimmuskeln* (Abb. 69), die durch Anblasen in Schwingung versetzt werden und dadurch die Töne hervorrufen. Sie sind von den undurchsichtigen Stimmbändern verdeckt. Das sind die verdickten und umgebogenen freien Ränder der elastischen Haut der Luftröhre, die bis zur Stimmritze reicht (Abb. 70). Im

Querschnitt sind die Stimmuskeln dreieckig und nehmen beim Tönen eine Form an, die den Lippen des Mundes überraschend ähnlich ist (Abb. 71). Man sollte lieber von den schwingenden

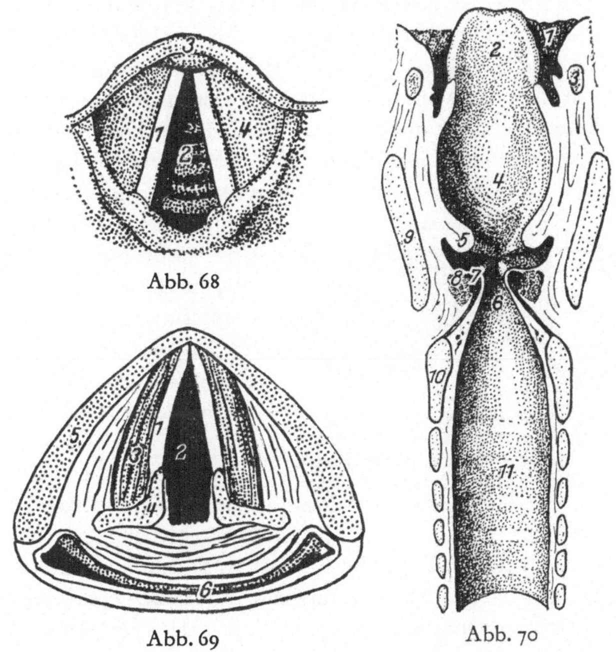

Abb. 68 Abb. 69 Abb. 70

Abb. 68. Kehlkopfspiegelbild. *1* Stimmband, *2* Stimmritze, geöffnet, bei ruhiger Atmung, in der Tiefe Vorderwand der Luftröhre, *3* Rand des Kehldeckels, *4* Seitenwand des Kehlkopfeinganges, vgl. Abb. 45

Abb. 69. Horizontalschnitt durch den Kehlkopf. Nat. Gr. *1* Stimmband, *2* Stimmritze, *3* Stimmuskel, *4* Stellknorpel, *5* Schildknorpel, *6* Rachenhöhle

Abb. 70. Längsschnitt durch den Kehlkopf. Schnitt parallel der Stirnebene, nat. Gr. *1* Zungengrund, *2* Kehldeckel, *3* Zungenbein, *4* Kehlkopfeingang, *5* Taschenband, *6* Stimmritze, *7* Stimmband, *8* Stimmuskel, *9* Schildknorpel, *10* Ringknorpel, *11* Luftröhre

Stimm„lippen“ sprechen als von Stimm„bändern“, da die Muskeln die Hauptsache sind, nicht die eigentlichen Bänder. Die Stimmlippen sind von einem dichtgefügten Epithel überzogen, das mit der Stimmbildung an sich nichts zu tun hat. Wenn es aber bei einem Kehlkopfkatarrh entzündlich geschwollen und aufgelockert ist, ist die Stimme heiser, versagt unter Umständen ganz und gar. Ein festgefügtes Epithel ist Voraussetzung für den klaren und reinen Ton.

Beim Atmen steht die Stimmritze offen, und die beiden Stimmmuskeln sind in Ruhe, die Luft streicht an den Stimmlippen vorbei, ohne sie in Schwingungen zu versetzen. Damit sie schwingen und Töne erzeugen, müssen sich die Stimmuskeln spannen und die Stimmritze schließen. Wie jeder Muskel können sie als Ganzes tätig sein oder nur zu einem Teil. Bei der Bruststimme sind sie im ganzen gespannt und in Schwingung, bei der Kopfstimme nur ein schmaler Randstreifen (Abb. 71). Zwischen diesen beiden Extremen sind alle Übergänge möglich. Je dicker der schwingende Teil der Muskeln, desto tiefer der Ton wie bei den Saiten von Kontrabaß und Geige. Die Tonhöhe kann auch dadurch verändert werden, daß die Länge der Stimmuskeln durch Bewegen der Kehlkopfknorpel gegeneinander vergrößert oder verkleinert wird. Außerdem kann sie noch wie beim Stimmen der Geige durch Änderung der Spannung der Stimmuskeln variiert werden. Es gibt also verschiedene Möglichkeiten, die Stimmuskeln auf einen und denselben Ton einzustellen. Vier Paare Kehlkopfmuskeln wirken dabei mit ihnen zusammen.

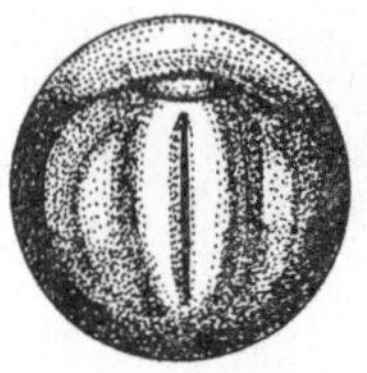
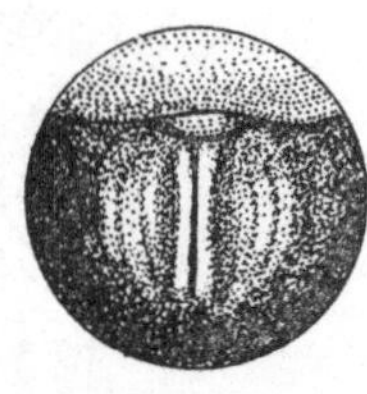

Abb. 71. Bilder aus stroboskopischen Aufnahmen der schwingenden Stimmlippen. Links Bruststimme, rechts Falsett. Das Bild der „Lippen“ wird deutlich, wenn man die Bilder um 90 Grad dreht

Durch das Anblasen, wobei die Lungen die Rolle des Blasebalges spielen, werden die Stimmlippen in Schwingung versetzt und übertragen ihre Schwingungen auf die über ihnen stehende Luft in Rachen, Mundhöhle und Nasenhöhle (Abb. 45). Diese Räume bilden sozusagen den Körper der Orgelpfeife, sind aber formveränderlich: der Rachenraum kann durch Heben und Senken des Kehlkopfes verkürzt und verlängert, die Form und Größe der Mundhöhle durch die Muskeln des Gaumens, der Zunge, der Lippen, der Wangen verändert werden. Die Nasenhöhle ist unveränderlich, dafür kann man durch falsches Dirigieren des Luftstromes näseln oder durch Zukneifen der Nase sozusagen con sordino sprechen und singen. Die individuelle Form und Größe dieser Räume bedingen die persönliche Klangfarbe der Stimme, die Muskeln der Mundhöhle formen die Vokale und Konsonanten. Damit die Stimmuskeln richtig angeblasen werden, müssen sämtliche Atemmuskeln in feinster Abstufung mit den Kehlkopfmuskeln zusammenwirken, und alles muß durch das Gehör ständig überwacht werden. Auch die Muskeln, welche die Körperhaltung bewirken, sie locker oder steif machen, gehören noch dazu. Es ist kein Wunder, daß nur wenige Sänger und Sängerinnen dieses überaus vielgestaltige und kunstvolle Singinstrument mit wirklich vollendeter Meisterschaft beherrschen.

Von der Nasenhöhle

Die *Nasenhöhle* durchsetzt wie ein Tunnel den Gesichtsschädel (Abb. 46) von den Nasenlöchern bis zum Rachen (Abb. 45). Ihr Anfangsteil liegt in der äußeren Nase, im gewöhnlichen Sprachgebrauch kurzweg „die Nase" genannt. Deren Spitze ist von Knorpelplatten gestützt und beweglich, die ganze übrige Wand der Nasenhöhle wird von Knochen gebildet. Durch eine Scheidewand ist sie von den Nasenlöchern an in ganzer Länge in eine rechte und linke Hälfte geteilt. Ihr Boden ist die obere Fläche des Gaumens und ist glatt, der Luftstrom kann ungehindert darüber hinstreichen. An der Seitenwand ragen drei Wülste vor, die wegen der Ähnlichkeit mit den Schalen der Teichmuschel *Nasenmuscheln* genannt werden. Nur beim Menschen mit seinem geringen Geruchsvermögen sind sie so einfach gestaltet, bei den Säugetieren sind die oberen vielfältig verzweigt und bilden ein wahres Labyrinth. Sie sind Träger der Riechschleimhaut, die beim Menschen auf ein ganz kleines Gebiet eingeschränkt ist. Der Seehund hat weder Riechschleimhaut noch Nasenmuscheln.

In der Schleimhaut befinden sich viele Drüsen, deren Sekret, Schleim und Wasser, vom Schnupfen her bekannt ist. Seine Menge kann erstaunlich groß werden. Ich hatte einmal einen zehnjährigen Jungen zu Hause im Bett liegen wegen einer schweren Erkältung mit einem richtigen Laufschnupfen. Die immer nassen Taschentücher störten ihn beim Lesen, er nahm ein Wasserglas und hielt es sich unter die laufende Nase. So konnte er ungestört schmökern. Ehe es Abend wurde, war das Glas vollgelaufen!

Unter der Schleimhaut liegt ein Schwellgewebe in Gestalt von Venengeflechten. Füllt es sich, wird die Nase mehr oder weniger verstopft. Das kann für Minuten sein oder für Tage und Wochen.

Von der Nasenhöhle aus dringen beim Wachstum des Schädels in der Kindheit Ausbuchtungen der Schleimhaut in die nachbarlichen Knochen vor und höhlen sie aus. Das sind die *Nebenhöhlen der Nase*, z. B. die *Kieferhöhle* im Oberkiefer (Abb. 46), die *Stirnhöhle* im Stirnbein (Abb. 45) und noch andere. Sie bleiben dauernd in Verbindung mit der Nasenhöhle und sind Luftkammern, die das Gewicht der Knochen erleichtern. Von den Knochen bleibt nur so viel übrig, wie aus Gründen der Festigkeit des Schädels unbedingt nötig ist. Bei den großen Säugetieren dehnen sich die Lufträume viel weiter aus als beim Menschen, am weitesten beim Elefanten. Dessen mächtiger Schädel besteht zum allergrößten Teil aus Luftkammern, die von der Nasenhöhle her bis ins Hinterhauptsbein reichen.

Vom Nervensystem

Alle unsere Empfindungen und Bewegungen beruhen auf der Tätigkeit des Nervensystems. Es besteht aus Schaltwerk und Kabeln wie das Telefonsystem aus Zentrale und Leitungen. Das Schaltwerk liegt in *Gehirn* und *Rückenmark* (Abb. 72), die zusammen als *zentrales Nervensystem* bezeichnet werden. Kabel sind die *Nerven* (Abb. 77), runde Stränge von weißgelber Farbe und von sehr verschiedener Dicke. Der dickste ist der Hüftnerv, Nervus ischiadicus, dessen Entzündung die Ischiasschmerzen macht. Die dünnsten sind nur mit dem Mikroskop erkennbar. Alle Nerven sind Bündel von Nervenfasern, und jede Nervenfaser ist ein Fortsatz einer Nervenzelle. Die *Nervenzellen* (Abb. 73) haben außer vielen baumförmig verzweigten Fortsätzen immer einen, der unverzweigt bleibt, *Neurit* genannt. Die Neuriten sind es, aus denen die Nerven bestehen. Sie können sehr lang sein, im Nervus ischiadicus ein Meter und mehr. In ihnen fließt der Erregungsstrom als lebendiger Vorgang wie im Telefonkabel der elektrische Strom.

Von Gehirn und Rückenmark

Das Gehirn des Menschen besteht, flüchtig betrachtet, aus *Großhirn* und *Kleinhirn* (Abb. 74). Sie verdecken einen dritten Teil, den

Hirnstamm (Abb. 45, 75). Der Hirnstamm enthält einen dem Gehirn aller Wirbeltiere einschließlich der Fische gemeinsamen Grundbau, ein „*Urhirn*", welches alle uns unbewußten Empfindungen und Bewegungen vollzieht. Das Großhirn ist Neuerwerb der Säugetiere und beim Menschen weitaus am höchsten entwickelt. Bewußte Wahrnehmungen und bewußte Bewegungen und alle geistigen Fähigkeiten beruhen auf seiner Tätigkeit. Im Schlafe und bei der Bewußtlosigkeit ist es ausgeschaltet, Hirnstamm und Rückenmark arbeiten weiter, auch im Schlafe und bewußtlos atmen wir und bewegen uns. Beim neugeborenen Kinde und beim Säugling ist das Großhirn noch nicht fertig entwickelt und noch nicht tätig, wohl aber der Hirnstamm. Der Neugeborene kann sich bewegen, atmen, schreien, saugen, schlucken, hat aber davon keinerlei Bewußtsein, alles vollzieht der Hirnstamm unbewußt, auch wenn die glückliche Mutter und die stolze Großmutter es anders meinen. Beide neigen dazu, dem Kinde Fähigkeiten

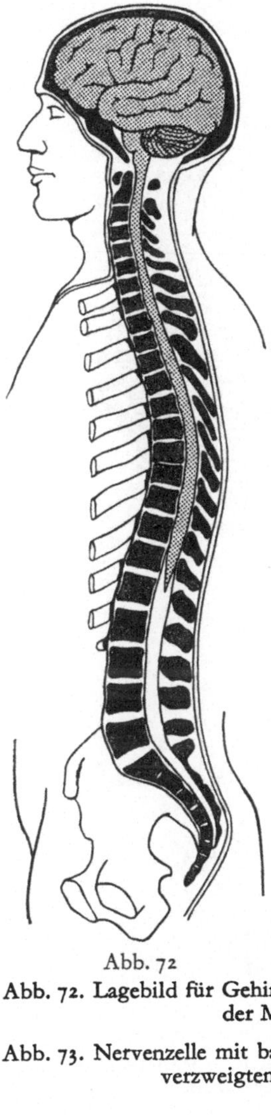

Abb. 72

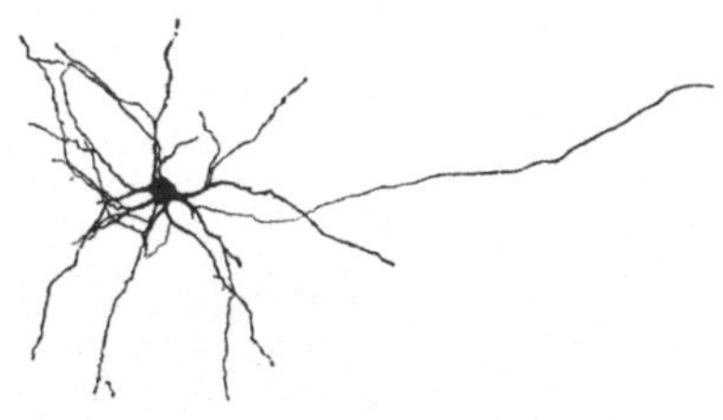

Abb. 73

Abb. 72. Lagebild für Gehirn und Rückenmark. Schädel und Wirbelsäule in der Mittelebene durchschnitten

Abb. 73. Nervenzelle mit baumförmig verzweigten Fortsätzen und dem unverzweigten Neuriten. Vergrößerung 75fach

anzudichten, die es noch nicht hat und auch gar nicht haben kann. Es lebt nur mit seinem Urhirn und noch ohne das Neuhirn, das Großhirn, das sein Funktionieren erst ganz allmählich entwickelt, jedenfalls nicht vor Ablauf des „dummen Vierteljahres“.

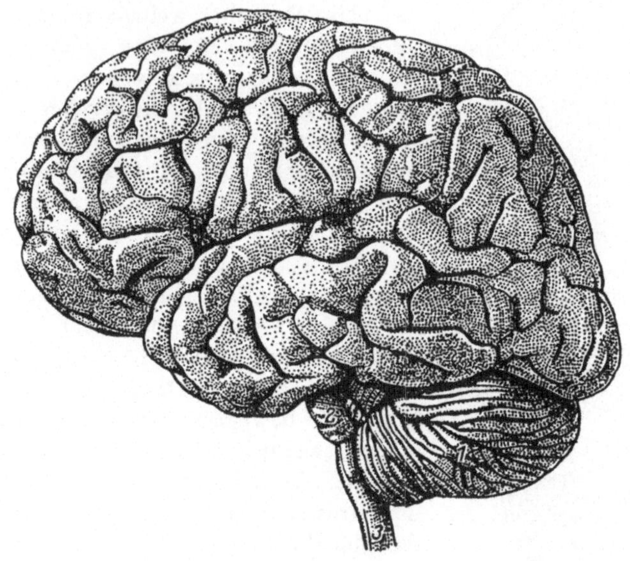

Abb. 74. Gehirn, Ansicht von links. ½ nat. Gr. *1* Kleinhirn, *2* Hirnstamm, *3* Rückenmark

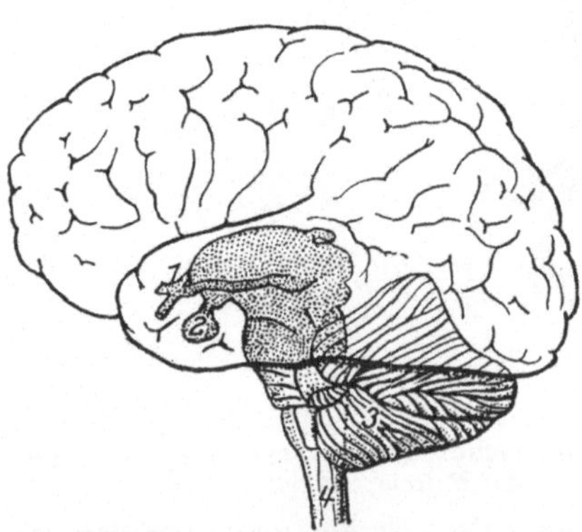

Abb. 75. Hirnstamm, Großhirn durchsichtig gedacht. *1* Sehnervenkreuzung, *2* Hypophyse, *3* Kleinhirn, *4* Rückenmark

An das Urhirn schließt sich das *Rückenmark* an. Es liegt in Form eines glatten Stabes von ein Zentimeter Dicke im Kanal der Wirbelsäule (Abb. 45, 72). Von ihm gehen 31 Paar Nerven aus für Hals, Rumpf, Arme und Beine. Die Nerven für den Kopf bis zum Kehlkopf einschließlich kommen aus dem Hirnstamm. Man

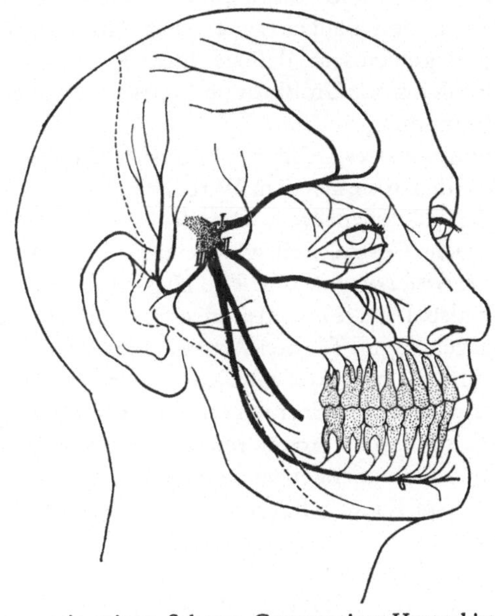

Abb. 76. Nervus trigeminus, Schema. Grenze seines Hautgebietes gestrichelt. Zungennerv abgeschnitten

zählt zwölf Paar *Gehirnnerven*, vier Sinnesnerven (Riech-, Seh-, Hör-, Geschmacksnerv), drei Nerven für die Augenmuskeln, einen für die mimischen und einen für die Zungenmuskeln, einen für zwei Muskeln an Hals und Nacken. Dazu kommt der Nervus trigeminus und der Nervus vagus. Der *Nervus trigeminus* (Abb. 76) ist der Haut- und Schleimhautnerv des Kopfes. Sein Gebiet reicht vom Scheitel bis zum Kinn, nach rückwärts begrenzt durch eine Linie, die vom Scheitel zum Ohr und von da zum Kinn zieht. Seinen Namen verdankt er der Aufteilung in drei Äste, von denen der erste das Gebiet vom Scheitel bis zur Lidspalte versorgt, der zweite das von der Lidspalte bis zur Mundspalte, der dritte anschließend das bis zum Kinn. Danach ist die Bindehaut des Auges Gebiet des ersten Astes, die Nasen- und Gaumenschleimhaut und die oberen Zähne des zweiten, die Mundschleimhaut und die unteren Zähne des dritten Astes. Der *Nervus vagus*, der „umherschweifende", weitverzweigte Nerv, versorgt Schleimhaut und Muskeln des Rachens und Kehlkopfes, die Luft- und die Speiseröhre, die Brust- und Bauchorgane. Dem Hirnstamm und dem Rückenmark ist gemeinsam, daß sie durch ihre Nerven mit dem Körper verbunden sind, Großhirn und Kleinhirn haben keine unmittelbare Verbindung mit ihm.

Die *Rückenmarksnerven* (Abb. 77) unterteilt man nach den Wirbeln, zwischen denen sie aus dem Wirbelkanal austreten, in Hals-, Brust-, Lenden-, Kreuznerven. Die Brustnerven laufen einzeln längs der Rippen, Costae, und werden deshalb Zwischenrippennerven, *Intercostalnerven*, genannt. Die Hals-, Lenden- und Kreuznerven treten alsbald zu je einem Geflecht zusammen, aus dem die einzelnen Nervenstränge für den Arm und das Bein hervorgehen. Jeder Arm- und Beinmuskel wird von mehreren Rückenmarksnerven versorgt, in den Geflechten erfolgt ihre Ordnung und Verteilung. Im Halsgeflecht werden drei große Nervenstränge für den Arm gebildet, im Lendengeflecht einer für die Vorderseite des Oberschenkels, im Kreuzgeflecht der Nervus ischiadicus für das übrige Bein.

Wenn mir an einem Sommersonnentage auf dem Spaziergang ein Käferchen ins Auge fliegt, kneife ich unwillkürlich das Auge zu, d. h., der Ringmuskel des Auges zieht sich zusammen. Wenn mir ein Bissen in die falsche Kehle gerät, fange ich an zu husten. Wenn ich mich mit einer Nadel in den Finger steche, ziehe ich unwillkürlich die Hand zurück. Allen diesen „*Reflexen*", wie man solche unwillkürlichen und zwangsläufigen Bewegungen nennt, ist gemeinsam, daß auf einen Eingriff, einen „Reiz", eine Bewegung erfolgt. Die anatomische Grundlage dafür ist ein Reflexbogen, ein Leitungsbogen, der mit dem einen Schenkel vom Ort des Reizes, z. B. der Haut, in das Rückenmark bzw. Urhirn führt, und mit dem anderen Schenkel zurück in den Körper, zur Muskulatur. Im einfachsten Falle besteht er aus zwei Nervenzellen mit ihren Fortsätzen, zwei „*Neuronen*", dem zum Rückenmark bzw. Hirnstamm hinführenden und dem aus dem Rückenmark und

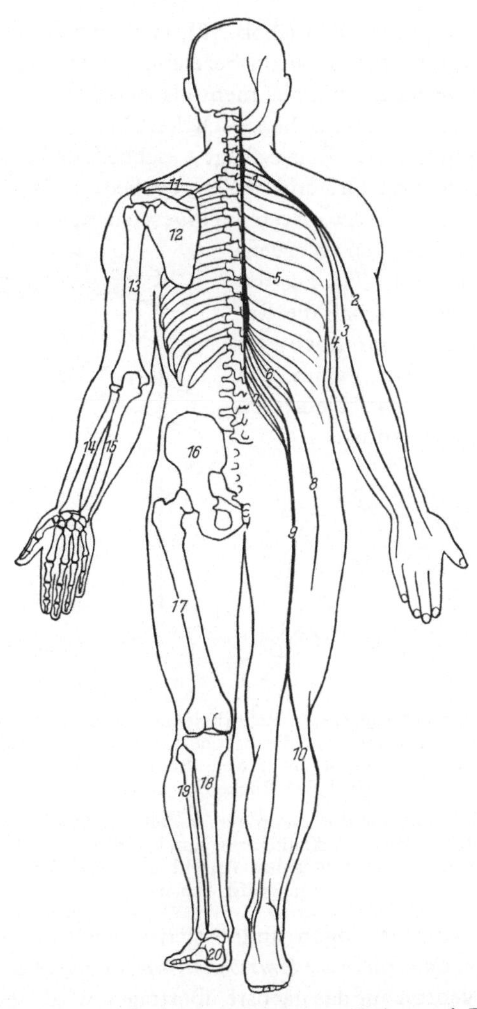

Abb. 77. Übersicht über die Rückenmarksnerven. Skelett nach P. RICHER wie Abb. 17. *1* Armgeflecht, *2* Nervus radialis, *3* Nervus medianus, *4* Nervus ulnaris, *5* Zwischenrippen-(Intercostal-)nerven, *6* Lendengeflecht, *7* Kreuzgeflecht, *8* Nervus femoralis, *9* Nervus ischiadicus, *10* Nervus peronaeus, *11* Schlüsselbein, *12* Schulterblatt, *13* Oberarmknochen, *14* Speiche, *15* Elle, *16* Becken, *17* Oberschenkelknochen, *18* Schienbein, *19* Wadenbein, *20* Fersenbein

Hirnstamm wegführenden (Abb. 78), nach der Funktion als sensibles und motorisches Neuron bezeichnet. Die allermeisten Leitungsbögen bestehen aber aus mehr als zwei Neuronen, dadurch, daß weitere Neurone zwischengeschaltet sind (Abb. 79).

Die Antwort auf den Reiz erfolgt so schnell, daß es aussieht, als würde sie sofort an Ort und Stelle gegeben. In Wirklichkeit ist immer das zentrale Nervensystem eingeschaltet, aber die *Leitungsgeschwindigkeit* in den Nervenfasern ist so groß (bis zu 300 Stundenkilometern), daß die Reaktion selbst dann noch als momentan erscheint, wenn eine ganze Kette von Neuronen durchlaufen worden ist.

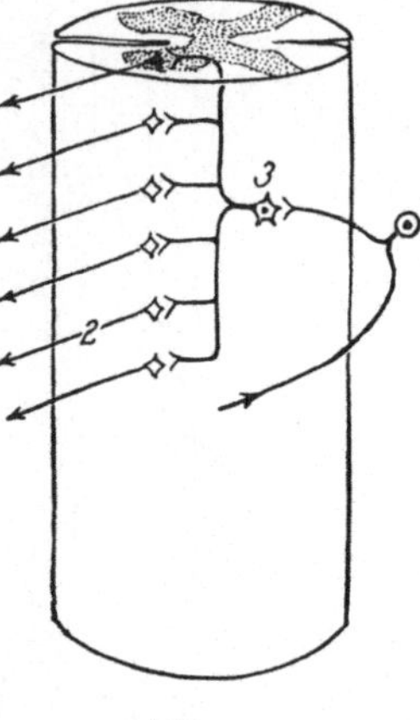

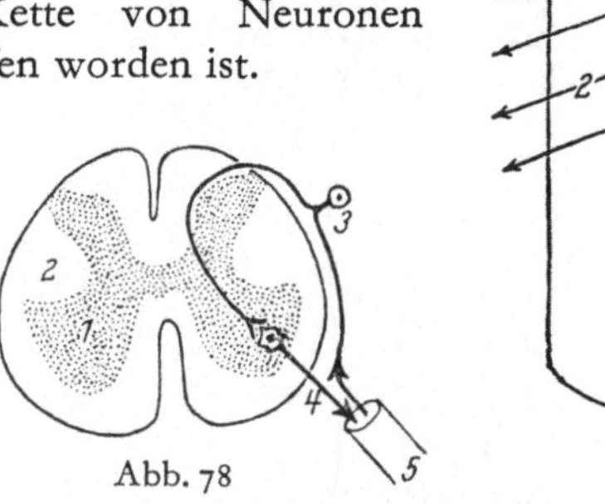

Abb. 78

Abb. 79

Abb. 78. Schema des einfachsten Reflexbogens. Auf dem Querschnitt durch das Rückenmark: *1* graue, *2* weiße Substanz, *3* Zelle des zuführenden, sensiblen Neurons von Sinnesorgan, *4* wegführendes, motorisches Neuron zu Muskel, *5* Rückenmarksnerv

Abb. 79. Reflexbogen aus drei Neuronen. *1* Zelle des zuführenden Neurons, *2* wegführendes Neuron, *3* Schaltneuron, durch welches der Reiz von einem zuführenden Neuron auf eine ganze Anzahl wegführender Neurone übertragen wird. Schema

In jedem Leitungsbogen finden sich je nach der Zahl seiner Neurone eine oder mehrere *Umschaltstellen*, an denen die Erregung von einem Neuron auf das nächste übertragen wird. Jede Nervenzelle im Rückenmark und Gehirn, auch im Großhirn, ist eine solche Umschaltstelle. Dank ihrer lebendigen Fähigkeiten können die Zellen den Erregungsstrom beeinflussen und verändern. Die Zellen aller motorischen Neurone und aller Schaltneurone liegen im Rückenmark und im Gehirn, also auch alle Umschaltstellen. Die Zellen der sensiblen Neurone sind in früher Embryonalzeit aus der Anlage des Rückenmarkes und Urhirnes ausgewandert und liegen, zu kleinen eiförmigen Knoten (Ganglien) vereinigt, außerhalb des Rückenmarkes und Hirnstammes. Im Großhirn sind alle Nervenzellen zu einer mehrere Millimeter dicken Schicht zusammengefaßt, welche als „*Rinde*" das ganze Großhirn überzieht (Abb. 80). Im Rückenmark liegen sie in einer im Querschnitt schmetterlingförmigen Figur beieinander (Abb. 78), im Hirnstamm sind sie in kleinen Gruppen angeordnet. Die enge Zusammenlagerung der Zellen erzeugt eine hellbraune Farbe. Ein

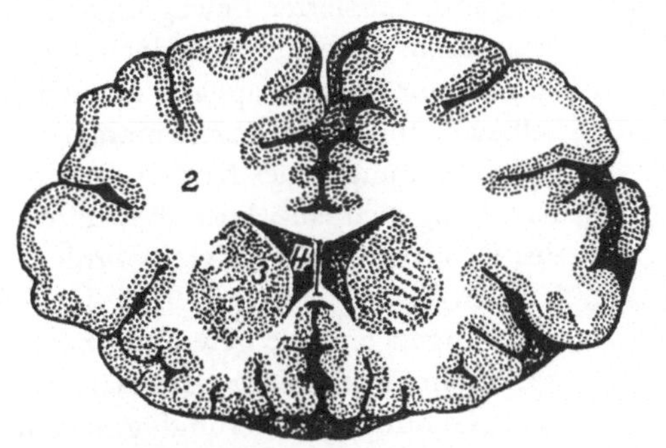

Abb. 80. Schnitt (parallel der Stirnebene) durch den vorderen Teil des Großhirns. *1* Rinde, *2* Mark, *3* Basalganglion, *4* Hirnkammer. ½ nat. Gr.

offenbar Farbenblinder hat sie „*graue Substanz*" genannt. Alle Nervenzellen liegen lediglich in dieser grauen Substanz, alles übrige, die „*weiße Substanz*", enthält nur Kabel, also die Neuriten der Zellen.

Von allen Teilen des Körpers ziehen Nervenfasern zum Rückenmark und Hirnstamm, aus Haut, Schleimhäuten, Auge, Ohr usw., und die einlaufenden Erregungen werden, verändert, wieder an den Körper zurückgeleitet, zu den Muskeln. Der Grundstock des Rückenmarkes und des Hirnstammes wird von den aus drei Neuronen bestehenden Leitungsbögen gebildet, jedes zuleitende Neuron überträgt durch Vermittlung einer *Schaltzelle* die Erregung auf eine ganze Anzahl von fortleitenden motorischen Neuronen (Abb. 79).

Mit diesem Grundstock oder Elementarapparat werden die Reflexbewegungen vollzogen wie z. B. das Wegziehen der Hand beim

Nadelstich oder das Zukneifen des Auges. Er wird erweitert durch Neurone, die ihren Neuriten über die Grenze des Rückenmarkes hinaus zu einer übergeordneten Sammelstelle im Hirnstamm senden, an welcher Erregungen aus dem ganzen Körper zusammengeführt, zu Bewegungsimpulsen verarbeitet und dann zur gesamten Muskulatur geleitet werden. Das ergibt die heftigen ungewollten Reflexbewegungen des ganzen Körpers, wie man sie besonders bei Kindern beobachten kann, oder die durch Training automatisierten Bewegungen beim Sportler. Man kann diese übergeordneten Leitungswege einen Koordinationsapparat nennen, der die Einzelbewegungen des Elementarapparates zu Gesamtbewegungen des Körpers zusammenordnet. Er ist zugleich eine Art unbewußtes Gedächtnis des Urhirns. Ein solcher Koordinationsapparat ist auch die *Großhirnrinde*, die die bewußten Wahrnehmungen und die gewollten Bewegungen bewirkt. Ihre Bedeutung wird klar, wenn sie durch eine „Gehirnerschütterung" geschädigt ist, d. h., wenn diese oberflächlichste Schicht des Großhirns beim Aufprallen des Kopfes unsanft gegen den Schädelknochen geprellt worden ist und die zarten Nervenzellen in ihr gestaucht und gequetscht wurden, mit Bewußtlosigkeit, Gedächtnis-, Orientierungs-, Sprach- und anderen Störungen im Gefolge.

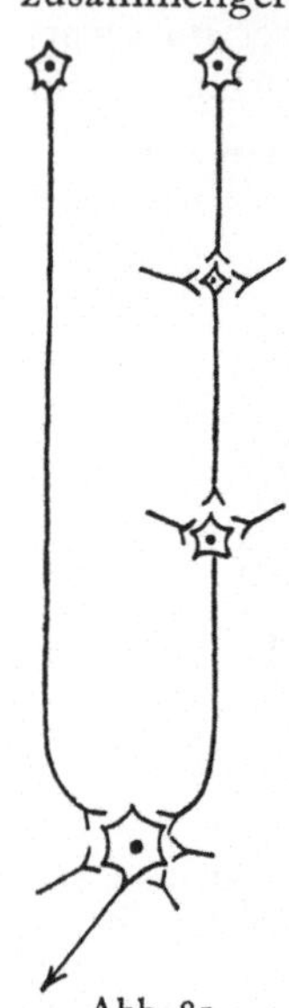

Abb. 81. Schema für die Bedeutung der Umschaltstellen im Nervensystem

Der Aufbau der Leitungsbögen aus mehreren Neuronen ermöglicht es, daß an jeder *Umschaltstelle* die Zelle des neuen Neurons von anderen Neuronen und damit von anderen Teilen des Gehirnes her beeinflußt werden kann (Abb. 81). Und da alle Teile des Gehirns hin und her miteinander verbunden sind und in gegenseitigem Austausch stehen, sind also zahllose Möglichkeiten für Ausbreitung, Verarbeitung und Beeinflussung der Erregungen gegeben. Welche von ihnen im Einzelfall verwirklicht werden, hängt zum Teil von Hormonen ab, z. B. denen der Keimdrüsen, zum Teil von angeborenen Eigenschaften. Beim Dummkopf sind die meisten Schaltungen blockiert, beim Genie sind sie offen.

Wie viele Umschaltstellen es in Rückenmark und Gehirn im ganzen gibt, ist nicht gezählt worden. Für die Großhirnrinde hat man die Zahl der Zellen und damit der Schaltstellen auf insgesamt 14 Milliarden berechnet. Das bedeutet eine unübersehbare Zahl von Verbindungsmöglichkeiten. In das Rückenmark treten auf jeder Seite eine Million zuleitender Nervenfasern ein. Das heißt, daß dem Rückenmark und damit auch dem Gehirn ständig zwei Millionen Erregungsimpulse zufließen, allein aus Hals, Rumpf, Armen und Beinen, den Kopf noch nicht mitgerechnet. Und wie viele kommen dort noch hinzu, allein aus Auge und Ohr! An motorischen Zellen, deren Neuriten zu den Muskeln ziehen, verfügt das Rückenmark im ganzen über etwa 500000, nicht gerechnet die für die Muskeln des Kopfes. Auf diese verhältnismäßig geringe Zahl von motorischen Zellen müssen alle Neuronenketten zusammengefaßt werden.

Von dem geschilderten inneren Bau tritt äußerlich am Rückenmark gar nichts in Erscheinung, am Gehirn nur sehr wenig. Man kann dem Gehirn der Forelle wohl ansehen, daß sie große Augen hat, nicht aber, daß sie ein überaus gewandter und schneller Schwimmer ist, wie man auch die Behäbigkeit des Karpfens an seinem Gehirn nicht abzulesen vermag. Aus der äußeren Form und dem Gewicht des menschlichen Gehirnes kann man nur ganz allgemein schließen, daß es mehr zu leisten vermag als das der Tiere. Alle Versuche, bei großen Gelehrten und Künstlern besonders große und besonders ausgeformte Gehirne festzustellen, sind negativ verlaufen. In die Oberfläche des Großhirns schneiden tiefe *Furchen* ein (Abb. 80) und begrenzen die „*Windungen*" (Abb. 45, 74). Jedes Gehirn bietet ein anderes Bild, und auch auf der rechten und linken Seite des gleichen Gehirnes ist das Relief niemals gleich. Man hatte gedacht, bei großen Geistern ein besonders ausgeprägtes Windungsrelief zu finden. Aber reiche Oberflächengestaltung allein ist kein Ausweis über die Intelligenz des Trägers, beim Menschen nicht und auch bei Tieren nicht.

Zu Ende des 18. Jahrhunderts trat Franz Joseph Gall mit der Aufsehen erregenden Lehre hervor, daß das Großhirn aus einzelnen Organen bestehe, die jedes eine bestimmte psychische Funktion hätten und so deutlich ausgeprägt wären, daß man sie von außen am Schädel durch Betrachten und Betasten feststellen könnte, z. B. Freundschaftssinn, Kunstsinn, Eitelkeitsinn, Mordsinn usw., im ganzen 27. Der Grundgedanke dieser *Phrenologie* lebt fort in der Lehre von den sogenannten *Zentren*, von der Bindung bestimmter Funktionen an bestimmte Gebiete des Großhirns. Man spricht von einem Seh-, Hör-, Sprachzentrum usw. Diese Lehre kann man gelten lassen, wenn man sie dahin einschränkt, daß die Zentren Gebiete sind, ohne deren Mitwirkung bestimmte Funktionen nicht zustande kommen, z. B. das Aussprechen der Worte, wenn das „motorische Sprachzentrum" zerstört ist. Der Kranke kann dann nicht mehr sprechen, kann die Worte nicht mehr formen, kann die dazu nötigen Muskelkombinationen nicht mehr in Tätigkeit setzen, obwohl ihm die Worte im Geiste vorschweben. Auch im Hirnstamm gibt es Zentren. Hier sind es Anhäufungen von Nervenzellen, ohne welche bestimmte Bewegungen, für die das Zusammenwirken von sehr verschiedenartigen Muskeln erforderlich ist, nicht durchgeführt werden können, z. B. das Schlucken. Das wichtigste dieser Zentren ist das *Atemzentrum*, das am Ende des Hirnstammes nahe dem Rückenmark gelegen ist, im „*verlängerten Mark*".

Die Zentren für Sprechen, Lesen, Schreiben sind nur einseitig in der linken Großhirnhälfte (beim Linkser in der rechten) ausgebildet. Die übrigen Zentren sind beidseitig entwickelt, doch überwiegt die linke Großhirnhälfte etwas über die rechte. Damit hängt z. B. die *Rechtshändigkeit* zusammen. Zur linken Großhirnhälfte gehört die rechte Körperhälfte und umgekehrt. Das beruht darauf, daß die zum Großhirn aufsteigenden und vom Großhirn absteigenden Leitungen unterwegs die Mittelebene überschreiten und auf der Gegenseite weiterziehen.

An der Grenze von Großhirn und Hirnstamm liegt ein großer Komplex grauer Substanz, der insgesamt als *Basalganglion* bezeichnet wird (Abb. 80). Er hat lediglich motorische Funktionen, bekommt seine Impulse aus fast allen Teilen des Gehirns und gibt sie über verschiedene Umschaltstellen im Hirnstamm an die motorischen Zellen des Rückenmarkes weiter. Ähnlich verhält es sich mit dem *Kleinhirn*. Es hat Verbindungen mit fast der ganzen Großhirnrinde, dazu noch mit dem ganzen Körper. Von überall fließen ihm Erregungen zu, ganz besonders aus dem Gleichgewichtsorgan. Seine Neurone endigen nach einigen im Hirnstamm erfolgenden Umschaltungen ebenfalls an den motorischen Zellen im Rückenmark. Jeder Bewegungsimpuls, der von der Großhirnrinde ausgeht, wird gleichzeitig über das Basalganglion und über das Kleinhirn geführt. Durch das Basalganglion bekommt jede Bewegung die persönliche Note und den Charakter der individuellen Gebärde. Das Kleinhirn bewirkt die feine Abstimmung der Muskeln aufeinander zu präzisen Bewegungen und sorgt zugleich für die Aufrechterhaltung des Gleichgewichtes.

Das Gehirn enthält ein System von zusammenhängenden Hohlräumen, die *Hirnkammern* (Abb. 45, 80), die mit einer wasserklaren Flüssigkeit gefüllt sind, dem *Liquor cerebrospinalis*. Die Kammer des verlängerten Markes weist drei Öffnungen auf, durch welche der Liquor nach außen abfließen kann in einen Raum, der von einer zarten Haut, der Spinnwebhaut, abgeschlossen ist und sich längs des Rückenmarkes bis in die Gegend des Kreuzbeines erstreckt. Gehirn und Rückenmark sind von dieser Flüssigkeit umgeben, die sie vor Erschütterung und Stößen beim Gehen und anderen Bewegungen schützt. Der Arzt kann den Liquor entweder am Kopf oder im Bereich der Lendenwirbelsäule durch Punktion entnehmen und aus dem Befund wichtige Aufschlüsse erhalten. Er kann ihn auch durch Luft ersetzen und dadurch die Hirnkammern für die Untersuchung mit Röntgenstrahlen zugänglich machen, was zu einer unentbehrlichen diagnostischen Methode geworden ist.

Gehirn und Rückenmark sind von drei Hüllen umgeben, den *Hirnhäuten* oder *Meningen*. Die eine umschließt Gehirn und Rückenmark ganz unmittelbar, bildet sozusagen ein bindegewebiges Außenskelett und führt ihnen die Blutgefäße zu. Die mittlere, die *Spinnwebhaut*, ist von der inneren durch den Liquorraum getrennt. Sie legt sich der äußeren an, die aus derben, straffen Bindegewebsfasern besteht und von altersher die *harte Hirnhaut* genannt wird. Um das Rückenmark bildet sie einen festen Schlauch, der im Wirbelkanal weich gebettet ist in Venengeflechte und nachgiebige Fettpolster, die bei den Bewegungen der Wirbelsäule nachgeben. Mit den unbeweglichen Knochen des Schädels ist sie fest verbunden und bildet zugleich die Knochenhaut an deren Innenfläche.

Vom vegetativen Nervensystem

Die vorstehende Darstellung des Nervensystems ist von den Empfindungen und Bewegungen ausgegangen oder, anatomisch ausgedrückt, von Sinnesorganen und Muskeln, durch welche das Verhalten des Menschen in seiner Umwelt geregelt wird. Sie hat alle Leitungswege unberücksichtigt gelassen, die in seiner Innenwelt das Verhalten der Organe zueinander bestimmen. Diesen Teil des Nervensystems nennt man das *vegetative*, den anderen das *animale Nervensystem*. Beide sind in Bau und Funktion aufs engste miteinander verbunden. Nur vollzieht das vegetative Nervensystem seine Tätigkeit ohne Mitwirkung unseres Bewußtseins und unseres Willens.

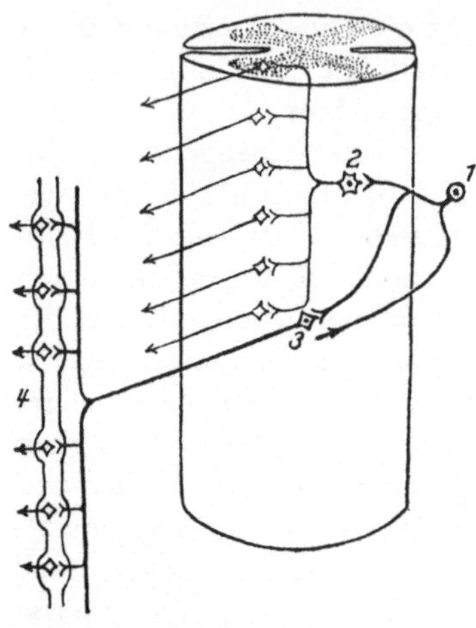

Abb. 82. Schema für die gleichzeitige Übertragung des Reizes von dem zuführenden Neuron auf ein Schaltneuron des animalen Systems (zu Muskeln) und des vegetativen Systems (zu Blutgefäßen, Schweißdrüsen usw.). Ergänzung zu Abb. 79. *1* Zelle des zuführenden Neurons, *2* animales Schaltneuron, *3* vegetatives Schaltneuron, *4* Grenzstrang des Sympathikus. Das Schaltneuron der vegetativen Bahn verzweigt sich erst außerhalb des Rückenmarkes im Grenzstrang des Sympathikus

Kehren wir noch einmal zu dem Reflexbogen aus drei Neuronen zurück (Abb. 79). Er bedarf der Vervollständigung, denn der Reiz, der die Haut trifft, führt nicht bloß zu einer Abwehrbewegung der Muskeln, sondern zugleich zur Erweiterung der Blutgefäße in ihnen, und ein Kältereiz erzeugt Gefäßverengerung und Gänsehaut, weil das zum Rückenmark hinleitende Neuron die Erregung außer auf die Strangzelle noch auf ein Neuron des vegetativen Systems überträgt (Abb. 82). Dessen Neurit verläßt zusammen mit dem des motorischen Neurons das Rückenmark, teilt sich außerhalb in einen auf- und absteigenden Ast und übermittelt die Erregung einer größeren Anzahl weiterer Neurone. Die auf- und absteigenden Äste bilden in ihrer Gesamtheit jederseits einen zur

Seite der Wirbelsäule verlaufenden Strang mit eiförmigen Anschwellungen, die durch die Zusammenlagerung der Umschaltstellen erzeugt werden. Es ist der Grenzstrang des Sympathikus mit seinen Ganglien (Abb. 83). Die Neuriten der Zellen, die diese Ganglien bilden, ziehen zu den Organen der Körperwand, zur Haut mit ihren Blutgefäßen, Drüsen und Sinnesorganen. Als Weg benutzen sie die Nervenstränge des animalen Systems. Die Umschaltstellen für die inneren Organe, Herz, Lungen, Magen usw. liegen nicht im Grenzstrang, sondern erst an oder in den Organen selber. Im größten dieser Ganglien (Abb. 83) werden die Neurone umgeschaltet für Magen, Zwölffingerdarm, Bauchspeicheldrüse, Leber, Milz, Nieren, Nebennieren. Daher strahlen von ihm Äste nach allen Richtungen aus. Bei den Magnetopathen spielt dieses „*Sonnengeflecht*“ eine große Rolle, von ihm aus machen sie den ganzen Menschen gesund (so behaupten sie wenigstens).

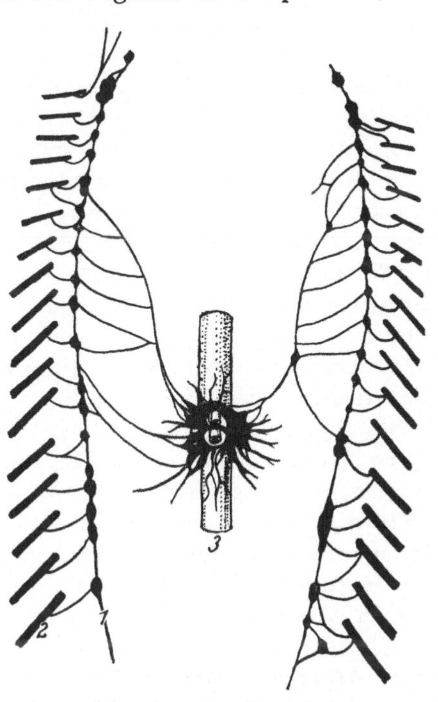

Abb. 83. Grenzstrang des Sympathikus und Sonnengeflecht. Nach J. STIEMENS, vereinfacht. *1* Grenzstrang mit Ganglien, *2* Rückenmarksnerv, *3* Aorta mit Abgängen der Darmaterien

In dem Grenzstrang verlaufen auch die Nervenfasern, die aus den inneren Organen stammen und ins Rückenmark eintreten. Sie schließen sich den Fasern an, die die Schmerzempfindungen leiten, und bewirken die Schmerzempfindungen der inneren Organe, z. B. Magenschmerzen. Andere Fasern dienen der Verbindung der inneren Organe miteinander. Man denke etwa an das

Erbrechen, bei dem vom Magen aus allgemeine Blässe der Haut, d. h., Gefäßverengerung veranlaßt wird, Speichelfluß, Tränensekretion, Schweißausbruch, Würgbewegungen und Bewegung der Bauchmuskeln und vieler anderer Muskeln, was auf mannigfache Verbindungen zum animalen Nervensystem hindeutet. So führt der Nervus vagus in seinem Kopf- und Halsabschnitt animale und in seinem Brust- und Bauchabschnitt vegetative Anteile. *Animales* und *vegetatives Nervensystem* lassen sich nirgends trennen, sie sind eine Einheit. Auch manches „*Zentrum*" ist beiden gemeinsam, z. B. das Atemzentrum, das man mit gleichem Rechte dem vegetativen wie dem animalen Nervensystem zurechnen könnte. Ein eigenes Zentrum hat das vegetative Nervensystem im vordersten Abschnitt des Hirnstammes für die Wärmeregulation des Körpers, den Wasser- und Salzhaushalt, den Kohlehydratstoffwechsel und ähnliche umfassende Funktionen.

In allen Organen finden sich Fasern des vegetativen Systems, alle Organe unterstehen seiner Wirkung, auch das Gehirn und die Sinnesorgane, nicht nur die vegetativen Organe, von denen es seinen Namen bekommen hat. Es kann die Tätigkeit der Organe steigern, abschwächen oder gar stillegen, wie es die Lage im Gesamtorganismus erfordert. Auch mit dem besten Willen können wir uns seinem Einfluß nicht entziehen, obwohl wir es andererseits bis zu einem gewissen Grade unserem Willen unterwerfen können. Vom Gesamtorganismus her wirkt es auf die Organe und umgekehrt. Trauer macht die Glieder matt, Freude schwellt die Brust. Ärger wirkt lähmend auf den Magen, und ein verdorbener Magen ist eine Quelle schlechter Laune. Unser Befinden, unsere Stimmung ist entscheidend bedingt durch das vegetative Nervensystem. Seine Wirkung reicht von der leichten Übelkeit bis zum unerträglichen Kolikschmerz, und vom schamhaften Erröten bis zur tiefen Ohnmacht.

Von den Hormondrüsen

Die Zellen, die unseren Körper aufbauen, sind, wie wir gehört haben, selbständige Organismen (S. 19). Jede für sich kann alle Lebensfunktionen ausüben und tut es auch, und zwar ohne Nervensystem. Die Mesenchymzellen sind dafür ein sinnfälliges Beispiel. Sogar ganze Organe können ohne Nervensystem tätig sein: das Herz schlägt weiter, auch wenn alle seine Nerven unterbrochen sind, aber es paßt seine Tätigkeit nicht mehr den verschiedenen Kreislauferfordernissen des ruhenden und tätigen Organismus an. Erst vom Nervensystem wird es veranlaßt, sich organismusgerecht zu verhalten. Das gilt im Grunde für alle Organe und alle Zellen. Ihre bloße Summe macht noch keinen Organismus, sie sind instinktlos und müssen geleitet werden. Ihr Leiter und Führer ist das Nervensystem, das animale und vegetative zusammen. Es hat dabei unentbehrliche Helfer, die *Hormone*, im Blut kreisende chemische Verbindungen mit spezifischer Wirkung auf bestimmte Organe oder Organgruppen im Dienste gemeinsamer Funktionen wie Stoffwechsel, Kreislauf, Wachstum. Sie sind nicht arteigen, sondern allen Wirbeltieren gemeinsam. Alle in den Handelspräparaten der Apotheken enthaltenen Hormone stammen von Tieren. Aber wir können sie auch selber bilden: Insulin, Adrenalin, Thyroxin und wie sie sonst alle heißen. Die Organe, die die Hormone liefern, nennen wir nach dieser Funktion *Hormondrüsen*. Ihrem Bau nach sind sie ganz verschieden. Einige haben eine gewisse Ähnlichkeit mit den Organen, die wir Drüsen zu nennen pflegen, Speicheldrüsen, Magendrüsen usw. Andere sind völlig abweichend gebaut, so daß man lange gezögert hat anzuerkennen, daß sie überhaupt etwas mit Sekretbildung zu tun haben.

Allen Hormondrüsen ist, von ihrem Bau her betrachtet, nur das Eine gemeinsam, daß sie keinen Ausführgang haben wie etwa die Speicheldrüsen, und daß sie ihre Produkte nicht nach außen abgeben, sondern unmittelbar an das Blut. Man hat sie deshalb früher als Drüsen ohne Ausführgang oder *Drüsen mit innerer Sekretion* bezeichnet. Ihre Funktion ist dem Nervensystem unterstellt, das umgekehrt auch von ihnen beeinflußt wird. Sie stehen ebenso mit dem Nervensystem in Wechselwirkung wie untereinander. Ihre Tätigkeit ist gegenseitig abgestimmt und erzeugt das „hormonale Gleichgewicht", und durch dieses die Einheitlichkeit des ganzen Organismus. Die tiefgreifenden körperlichen und psychischen Änderungen in der Pubertät und in den ersten Monaten der Schwangerschaft beruhen auf der Störung dieses Gleichgewichtes. Denn wenn die Keimdrüsen allmählich zu ihrer vollen Tätigkeit heranreifen und ihre spezifischen Hormone bilden, oder wenn die Eizelle befruchtet wird und aus der Wand des Bläschens, in dem sie sich im Eierstock entwickelt hat, eine Hormondrüse entsteht (S. 83), wirken diese neuen Hormone als Störenfriede in dem bisher harmonischen Geschehen. Ebenso bedingt jeder Wegfall eines der Hormone bei Erkrankung seiner Drüse eine Veränderung im hormonalen Gleichgewicht.

Die hormonbildenden Organe sind im Körper ganz verstreut, nur in Armen und Beinen finden sich keine. Das größte, die *Schilddrüse*, liegt dem Kehlkopf zu beiden Seiten an (Abb. 54), ihre krankhafte Vergrößerung ist als *Kropf* bekannt. Die beiden *Nebennieren* sitzen den oberen Polen der Nieren auf (Abb. 60), sie bestehen aus 2 Anteilen ganz verschiedener Herkunft und Bedeutung, aus Rinde und Mark. Kleine Zellgruppen innerhalb der Bauchspeicheldrüse (Abb. 52), die Langerhansschen Inseln, liefern das *Insulin*, das zusammen mit dem *Adrenalin* des Nebennierenmarkes unter anderem den Zuckerhaushalt des Körpers überwacht. Die Hormone der *Keimdrüsen*, der Eierstöcke und Hoden, bedingen Pubertät und Wechseljahre und alles, was irgendwie mit den Geschlechtsfunktionen physisch und psychisch zusammenhängt. Die vielseitigste von allen Hormondrüsen ist der *Hirnanhang*, die *Hypophyse*. Sie hängt an der Unterfläche des Gehirns (Abb. 45, 75) und liegt im Türkensattel (Abb. 25). Sie ist nicht ganz so groß wie das Endglied des kleinen Fingers und besteht aus drei Teilen von ganz unterschiedlichem Bau, dem Vorder-, Zwischen- und Hinterlappen. Der Hinterlappen stammt vom Gehirn ab, Vorder- und Zwischenlappen vom Epithel des Rachens. Jeder von ihnen liefert mehrere Hormone sehr verschiedener Wirkung. Alle anderen Hormondrüsen stehen unter dem Einfluß der Hypophyse, sie ist sozusagen der Dirigent des Orchesters der Hormondrüsen, der Primgeiger, der selbst im Orchester mitspielt.

Von den Sinnesorganen im allgemeinen

Der Mensch hat fünf Sinne, Gesicht-, Gehör-, Geruch-, Geschmack- und Tastsinn. Für den täglichen Gebrauch genügt diese herkömmliche Zahl. Die zugehörigen Organe sind Auge, Ohr, Nase, Zunge und Haut. Darüber hinaus besitzen wir aber im ganzen Körper zahllose nervöse Gebilde von mikroskopischer Kleinheit, die in der Lage sind, Reize irgendwelcher Art aufzunehmen. So können wir mit der Haut nicht nur tasten, sondern Schmerz, Wärme, Kälte, Spannung, Vibration empfinden, das wären weitere fünf Sinne! Wenn die Kinder im Winter von der Schneeballschlacht nach Hause kommen und Schularbeiten machen sollen, können sie nicht schreiben, ihre Finger sind klamm und steif. Der gute Wille, sie zu bewegen, ist da, die Muskeln, die sie bewegen sollen, sind unversehrt, aber durch die Kälte sind die Sinnesorgane in der Haut gelähmt, und ohne die Impulse, die von ihnen in das Rückenmark und das Gehirn gelangen, können keine feinen Bewegungen der Finger gemacht werden. Ebenso ist es, wenn der Zahnarzt die Zähne und damit zugleich die Lippen unempfindlich gemacht hat: dann können wir nicht richtig sprechen.

Wir haben gehört, daß das Nervensystem aus Leitungsbögen aufgebaut ist, deren einer Schenkel aus dem Körper zum Rückenmark bzw. zum Hirnstamm hinführt. Jedes hinführende Neuron beginnt im Körper mit einem Nervenendorgan, welches Reize aufzunehmen und als Erregung zum Rückenmark oder Hirnstamm hinzuführen vermag. Dort wird sie auf einen Reflexbogen umgeschaltet und kann auch bis zum Großhirn weitergeleitet werden. Nur in letzterem Falle bekommen wir eine Empfindung von dem Reiz, der uns getroffen hat.

Für alle diese Sinnesorgane, so verschieden sie auch gebaut sind, ist charakteristisch die Fähigkeit, physikalische oder chemische Energie (Lichtschwingungen, Schallwellen, Druck, Wärme, Lösungen chemischer Stoffe) in eine Energieform überzuführen, die als Erregung im Nerven fortgeleitet werden kann. Wollten wir die Sinnesorgane von der bewußten Wahrnehmung her definieren, wie es bei den fünf Sinnen geschieht, dann besäße der Säugling noch kein einziges, da er noch nicht bewußt sehen, hören, tasten kann. Und unser Gleichgewichtsorgan, das für alle unsere Bewegungen von größter Bedeutung ist, wäre kein Sinnesorgan, weil seine Tätigkeit uns nicht zum Bewußtsein kommt.

Vom Auge

Was wir „das Auge“ nennen, ist ein kleiner Teil des unter den Lidern verborgenen Augapfels, der das eigentliche Sinnesorgan, die Netzhaut, und ein Linsensystem enthält. Er ist fast genau kugelrund und hat einen Durchmesser von 23,5 Millimeter. Was wir von ihm kennen, ist die durchsichtige Hornhaut und um sie herum „das Weiße im Auge". Durch die Hornhaut hindurch sieht man die *Regenbogenhaut*, die Iris, nach deren Farbe man blaue, graue, grüne, braune Augen unterscheidet. Sie weist eine runde Öffnung auf, die *Pupille*. Das alles kann jeder an sich selbst im Spiegel sehen.

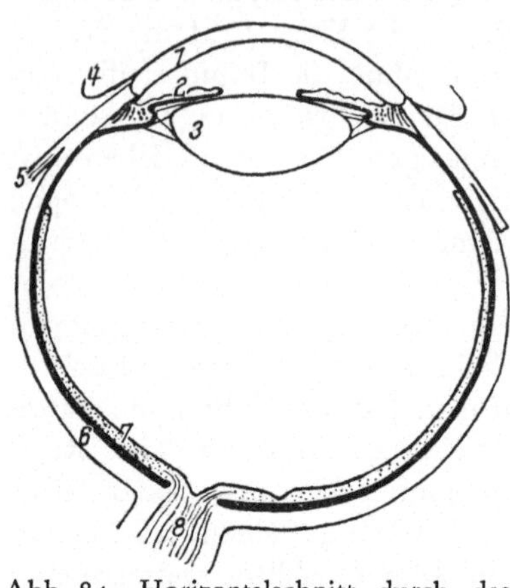

Abb. 84. Horizontalschnitt durch das rechte Auge, schematisch. Vergrößerung 2fach. *1* Hornhaut, *2* Regenbogenhaut, *3* Linse, *4* Bindehaut am Übergang auf die Innenfläche des Lides, *5* Ansatzsehne eines Augenmuskels, *6* weiße Augenhaut, *7* Netzhaut, dazwischen Aderhaut (schwarz), *8* Sehnerv

Um Näheres über den Bau des Auges zu erfahren, betrachten wir einen Schnitt durch den ganzen Augapfel (Abb. 84). Folgen wir dem Gange der Lichtstrahlen, so treffen wir zuerst auf die Hornhaut, hinter ihr auf einen wassergefüllten Raum, die vordere Augenkammer, die rückwärts durch Iris und Pupille begrenzt wird. Hinter der Iris folgt die Linse und ein weiter Raum, der die übrige Kugel ausfüllt und den geleeartigen *Glaskörper* enthält. Schließlich trifft der Lichtstrahl auf die *Netzhaut* mit den lichtempfindlichen Zellen, den Stäbchen und Zapfen. Sie liegt einer schwarzen Schicht an, die den Augapfel auskleidet wie der schwarze Anstrich das Innere unseres Photoapparates. Das Schwarz verschluckt alles Licht, das die durchsichtige Netzhaut hat durchtreten lassen, deshalb erscheint die Pupille schwarz. Die äußere Umhüllung des Ganzen bildet die weiße Augenhaut, die dem wasserreichen Inhalt des Augapfels Form und Halt gibt. Sie ist aus kollagenen Fasern gewebt und hat die Steifheit von dünnem Karton.

Alle Teile, durch welche die Lichtstrahlen hindurchgehen, sind klar und durchsichtig. Undurchsichtig ist erst die schwarze

Schicht, deren Farbe durch dichtgelagerte dunkelbraune Pigmentkörner bedingt ist. Sie enthält zahlreiche Blutgefäße, weshalb sie *Aderhaut* heißt. Ihr engmaschiges Kapillarnetz ernährt die Stäbchen und Zapfen der Netzhaut. Die Netzhaut hat noch eine eigene zarte Pigmentschicht, die bis zum Rande der Pupille reicht. Sie überzieht also die Iris auf ihrer Rückfläche und macht sie undurchsichtig. Das übrige Gewebe der *Iris* ist ein wenig trüb, dadurch erscheint der schwarze Belag auf ihrer Rückfläche blau, so wie die durchscheinende dünne Haut an Hand und Unterarm das dunkle venöse Blut in den Adern blau erscheinen läßt. Mit solchen blauen Augen kommt das Kind zur Welt, und erst durch Einlagerung von hellbraunem Pigment kann das Blau zu Grün und Braun werden.

Die Iris enthält Muskeln, welche die *Pupille* erweitern und verengern können und die Menge des einfallenden Lichtes regeln wie eine Blende. Weit geöffnete Pupillen verleihen den Augen eigentümlichen Glanz. Die Tollkirsche, deren Atropin die Pupillen erweitert, war schon bei den Damen im alten Rom als Schönheitsmittel in Gebrauch und führt nicht von ungefähr ihren Namen „bella Donna". Bei vielen Säugetieren ist die schwarze Schicht ganz oder teilweise durch eine leuchtende Schicht von verschiedener Farbe ersetzt, bei nachts jagenden Tieren hellgrün oder gelb. Daher die grünen Augen der Katzen im Lichte der Autoscheinwerfer. Bei Tage würden die Katzen stark geblendet, wäre nicht ihre Pupille zu einem strichförmigen Spalt verengert.

Die richtige Dosierung der Lichtmenge durch die Irisblende ist von Wichtigkeit für scharfes Sehen. Noch wichtiger freilich ist, daß „scharf eingestellt" wird, d. h., ein scharfes Bild der Gegenstände auf der Netzhaut entworfen wird. Das besorgt die *Linse* durch Änderung ihrer Brechkraft. Sie ist plastisch, wie aus weichem Gummi. In ihrer elastischen Gleichgewichtslage ist sie am stärksten gewölbt und hat die größte Brechkraft. Durch einen Kranz strahlenförmig angeordneter Fäserchen wird sie hinter der Pupille in Schwebe gehalten. Gewöhnlich sind diese Fäden gespannt, so daß durch ihren allseitigen Zug die Linse abgeflacht und das Auge auf die Ferne eingestellt ist (Abb. 87a). Für die Einstellung auf die Nähe werden die Fasern durch einen Muskel entspannt, die Linse kann sich dann dank ihrer Elastizität stärker wölben und ihre Brechkraft erhöhen (Abb. 85). Über 40 Jahre leistet sie diesen Dienst für die Naheinstellung des Auges prompt. Dann verliert sie langsam an Elastizität, und ihre Fähigkeit, sich zu wölben, nimmt ab, die erste Lesebrille ist fällig geworden (Abb. 87c). Bald folgt die zweite und dritte. Nach etwa 20 Jahren

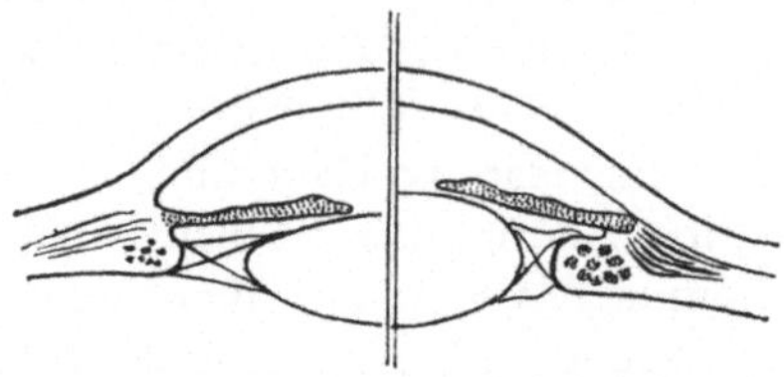

Abb. 85. Schema für die Einstellung der Linse auf die Nähe. Nach HELMHOLTZ. Links Ferneinstellung, Linse flach, rechts Naheinstellung, Linse gewölbt

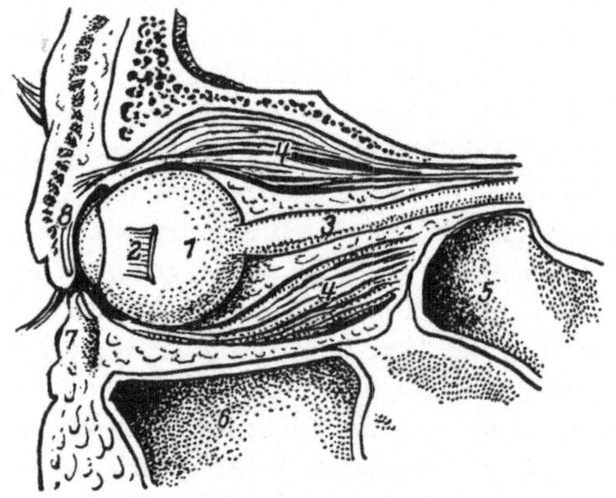

Abb. 86. Augapfel in der Augenhöhle. Seitenwand der Augenhöhle weggenommen. $^2/_3$ nat. Gr. *1* Augapfel, *2* Ansatzsehne eines Augenmuskels, *3* Sehnerv, *4* Augenmuskel, *5* Keilbeinhöhle, *6* Oberkieferhöhle, *7* unteres Lid mit Ringmuskel, *8* Lidknorpel im oberen Lid

ist ein neuer Zustand erreicht, die Linse ist nun vollkommen starr und unbeweglich, in der abgeflachten Form auf die Ferne eingestellt. Unentrinnbar ist man weitsichtig geworden, nur der vorher Kurzsichtige hat einen Vorteil davon. Seine Linse hatte zu hohe Brechkraft, um ein scharfes Bild auf der Netzhaut liefern zu können (Abb. 87b). Je mehr sie abnimmt, desto schwächere Brillen sind nötig, oft zuletzt gar keine mehr. Die Linse wirft auf die

Netzhaut ein umgekehrtes Bild, wie die Linse des Photoapparates auf die Mattscheibe. Im Gehirn wird dann das Bild auf rätselhafte Weise wieder richtiggestellt.

In der Netzhaut werden die Lichtschwingungen in nervenleitfähige Energie umgewandelt, die im Sehnerven dem Gehirn zugeführt wird. Die Sehleitung endigt im Hinterhauptsteil des Großhirns. Von da gehen Verbindungen zu sämtlichen Teilen des Gehirns, so daß jede Hirntätigkeit von optischen Erregungen beeinflußt wird, ohne daß es uns aber zum Bewußtsein kommt. Man denke an die vielseitige Wirkung, die ein erschreckender Anblick im Moment auf Seele und Leib ausübt. Es ist kaum übertrieben, wenn man sagt, daß alles Geschehen in unserem Organismus optischen Eindrücken unterworfen ist. Vom Gehen, Laufen, Greifen, Schreiben, aber auch vom ekelerregenden Anblick her ist es jedem bekannt.

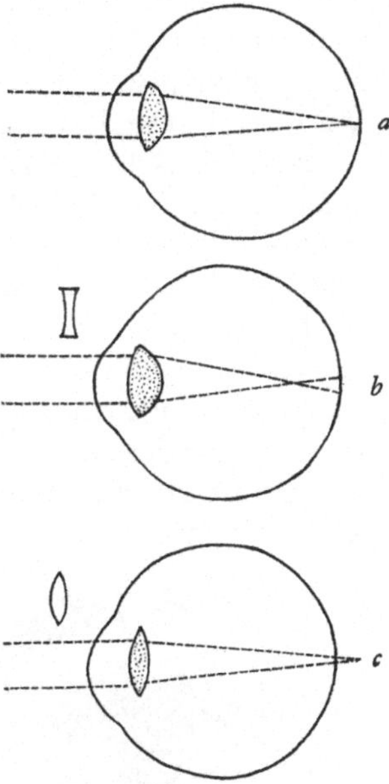

Abb. 87. Strahlengang im normalen (*a*), kurzsichtigen (*b*) und weitsichtigen Auge (*c*). Zur Behebung der falschen Brechung muß beim kurzsichtigen Auge ein Konkav-, beim weitsichtigen ein Konvexglas vorgesetzt werden

Für das scharfe Sehen genügt die Brechkraft der Linse allein nicht, es müssen beide Augen auf den betrachteten Gegenstand gerichtet werden. Das geschieht durch sechs kleine Muskeln (Abb. 46, 86), die an der weißen Augenhaut ansetzen. Die angeborene Verkürzung eines dieser Muskeln führt zu Fehlstellung des Auges, zum *Schielen*, und zum Doppelsehen. Das Kind gewöhnt sich aber schnell daran, eins der beiden Augen ganz auszuschalten und nur noch mit einem Auge zu sehen. Das ausgeschaltete verlernt dann allmählich ganz das Sehen, wird sozusagen blind, obwohl es an sich ganz gesund ist.

Der Augəpfel liegt geschützt in der trichterförmigen Augenhöhle des Schädels (Abb. 86). Sie wird durch die Augenlider abgeschlossen, Hautfalten, die durch eine Faserplatte („Lidknorpel") versteift sind und einen ringförmig angeordneten Muskel enthalten, der die Lidspalte schließen kann (Abb. 44). Das Öffnen geschieht durch Heben des oberen Lides, was ein besonderer Muskel besorgt. Bei Müdigkeit versagt er, und „die Augen fallen zu". In kurzen Abständen werden die Lider geschlossen und wieder geöffnet. Dieser „Lidschlag" bewirkt die Benetzung der Hornhaut mit Tränenflüssigkeit, so daß sie nicht austrocknet und durch Wasserverlust undurchsichtig wird.

Die Innenfläche der Lider und das Weiße des Auges sind von einer äußerst empfindlichen durchsichtigen Haut überzogen, der *Bindehaut (Conjunctiva)*. Ihre Berührung bewirkt sofortigen Lidschluß. Sie verhindert, daß die Tränenflüssigkeit in der Augenhöhle versickert. Die *Tränendrüsen* liegen seitlich am Dach der Augenhöhle (Abb. 46) und schicken ihre feinen Ausführgänge in die Ausbuchtung der Bindehaut hinter dem Oberlid. Von dort aus wird die ständig abgesonderte Tränenflüssigkeit durch den Lidschlag verteilt und sammelt sich im inneren Augenwinkel. Hier wird sie von zwei kurzen kapillaren Röhrchen abgesaugt, die in den Tränensack münden. Von ihm führt der Tränennasengang in die Nasenhöhle. Von den Eingängen in die *Tränenröhrchen* ist der untere unschwer zu sehen. Die Lidränder sind nicht in ganzer Länge gleich gestaltet und mit Wimpern besetzt. Wo nach der Nase hin die Wimpern aufhören, sieht man einen sanften Knick (Abb. 88), und ein neuer, kleiner Teil des Lides beginnt. Zieht man hier die Haut etwas nach abwärts und krempt dadurch das Lid ein wenig um, so zeigt sich auf der Höhe des Knickes der nadelstichfeine Tränenpunkt, die Öffnung des unteren der beiden Tränenröhrchen, und man versteht, daß so enge Röhrchen einem stärkeren Tränenstrom nicht gewachsen sind, und daß beim Weinen die Tränen über den Lidrand und die Wange herunterfließen müssen.

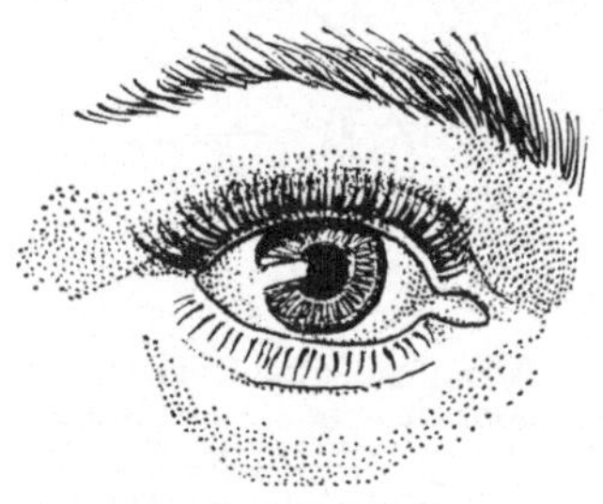

Abb. 88. Rechtes Auge

Vom Gehörorgan und Gleichgewichtsorgan

Die Fische haben kein Gehörorgan und können doch hören, jedenfalls Schallwellen empfinden und verschiedene Tonhöhen unterscheiden, wie Karl v. Frisch in geistreichen Experimenten nachgewiesen hat. Die Frösche, Eidechsen und Vögel haben jederseits am Ende des Kopfes ein Trommelfell, eine kleine runde durchscheinende Hautpartie. Die Frösche können auch wirklich hören, sonst würden ihre Männchen nicht mit Inbrunst quaken

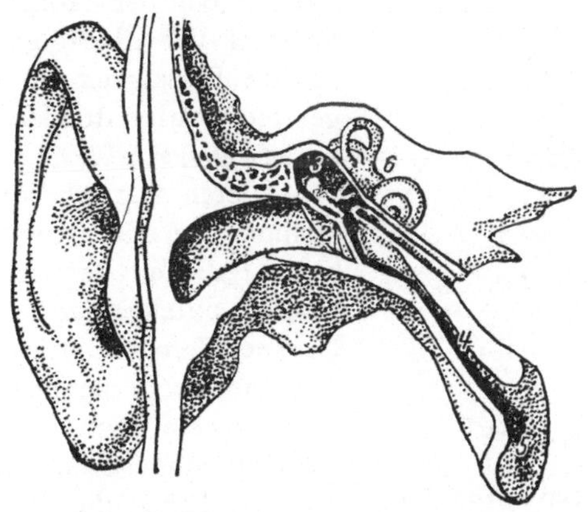

Abb. 89. Übersicht über das Gehörorgan. *1* äußerer Gehörgang, *2* Trommelfell, *3* Paukenhöhle mit Gehörknöchelchen, *4* Ohrtrompete, *5* deren Mündung in den Rachen, *6* Bogengänge und Schnecke

und würden die Unken nicht ihren nächtlichen Ruf erschallen lassen. Am höchsten entwickelt ist das Gehörorgan bei den Säugetieren. Das Ohr, das wir kennen, die Ohrmuschel, ist der äußerliche Teil des im Innern des Schädels gelegenen Organs (Abb. 25, 89), des Innenohres. Viele Säugetiere können die Ohren lebhaft bewegen und in die Richtung einstellen, aus der ein Schall kommt, der Mensch kann höchstens mit den Ohren wackeln, und nur, wenn er es durch beharrliches Üben in langweiligen Schulstunden eigens gelernt hat. Das eigentliche Sinnesorgan, der Teil, der die Sinneszellen enthält, welche die Schallwellen aufnehmen und umarbeiten, nervenleitfähig machen, ist in ein Schneckengehäuse eingelagert, das in die Pyramide des Schläfenbeines einzementiert ist (Abb. 25, 91). Das Gehäuse ist mit Wasser gefüllt, in dem das zarte

Organ sicher aufgehoben ist. Auf das Wasser werden die Schallwellen übertragen durch einen schalleitenden Apparat, der aus dem Trommelfell und den Gehörknöchelchen besteht.

Das *Trommelfell* liegt bei den Säugetieren nicht mehr oberflächlich wie bei den Fröschen, sondern bildet den Grund des an der Ohrmuschel beginnenden *Gehörganges* (Abb. 89). Es ist eine fast kreisrunde durchscheinende Haut von ungefähr einem Zentimeter Durchmesser. Durch die Schallwellen der Luft wird es gestoßen wie das Fell der Trommel durch die Schlegel. Die Übertragung der Stöße auf die Flüssigkeit in der Schnecke geschieht durch drei kleine Knochen, die *Gehörknöchelchen*, die bei allen Säugetieren ungefähr die Form von Hammer, Ambos und Steigbügel haben (Abb. 90). Sie sind in Gelenken federnd miteinander verbunden, der Griff des Hammers ist in das Trommelfell eingewebt, die Platte des Steigbügels in ein Loch der Schnecke beweglich eingelassen. Durch einen Muskel kann die Spannung des Trommelfells reguliert, durch einen anderen die Bewegung des Steigbügels gebremst werden.

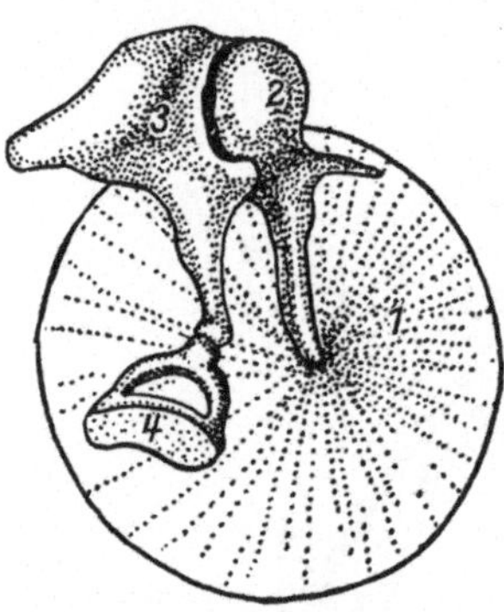

Abb. 90. Trommelfell mit Gehörknöchelchen, Vergrößerung 3fach. Nach E. SCHÜTZ. *1* Trommelfell, *2* Hammer, *3* Amboß, *4* Steigbügel

Die Gehörknöchelchen liegen in einem lufterfüllten Raum, dem *Mittelohr* oder der *Paukenhöhle* (Abb. 89). Durch die *Ohrtrompete* steht sie mit dem Rachenraum in Verbindung (Abb. 45). Diese Verbindung ermöglicht es, daß in der Paukenhöhle immer der gleiche Luftdruck herrscht wie im Gehörgang, daß also das Trommelfell nicht falschen Spannungen durch Änderung des Luftdruckes ausgesetzt ist. Für gewöhnlich ist die Ohrtrompete geschlossen, aber durch eine Schluckbewegung kann sie geöffnet werden. Wir schlucken, wenn von außen auf das Trommelfell veränderter Luftdruck einwirkt.

Von der Paukenhöhle aus entwickeln sich lufthaltige Räume in das übrige Schläfenbein, ähnlich den Nebenhöhlen der Nase, besonders in den Warzenfortsatz, dessen Kuppe man hinter dem

Ohr in Höhe des Ohrläppchens fühlt. Seine Hohlräume sind der gewiesene Zugang bei fast allen Ohroperationen, z. B. bei der eitrigen Mittelohrentzündung.

Die Schallwellen der Luft werden auch durch die Knochen des Schädels aufgenommen und zur Schnecke fortgeleitet. Daher kann man noch hören, wenn Trommelfell und Gehörknöchelchen verlorengegangen sind, natürlich nicht so gut wie vorher, aber man ist doch nicht taub.

Bis vor 100 Jahren lehrten die Anatomen, daß das Trommelfell ein großes Loch aufweise. Das war damals auch wirklich so, weil fast alle Menschen als Kinder eine eitrige Mittelohrentzündung durchgemacht hatten, die man noch nicht zu behandeln wußte, so daß sich der Eiter schließlich einen Weg nach außen schaffte. Durch dieses Loch im Trommelfell war eine Verbindung vom Gehörgang durch die Paukenhöhle und die Ohrtrompete zum Rachen hergestellt. Im Volke war diese Verbindung wohlbekannt. So konnte Hamlets Vater im Schlafe vergiftet werden, indem ihm ein paar Tropfen von dem hochgiftigen Saft des Bilsenkrautes ins Ohr geträufelt wurden. Auch Wilhelm Busch erinnerte sich wohl dieser Verbindung, als er Herrn Knopp sich verschlucken ließ und „husten, daß ihm der Salat aus beiden Ohren spritzen tat“.

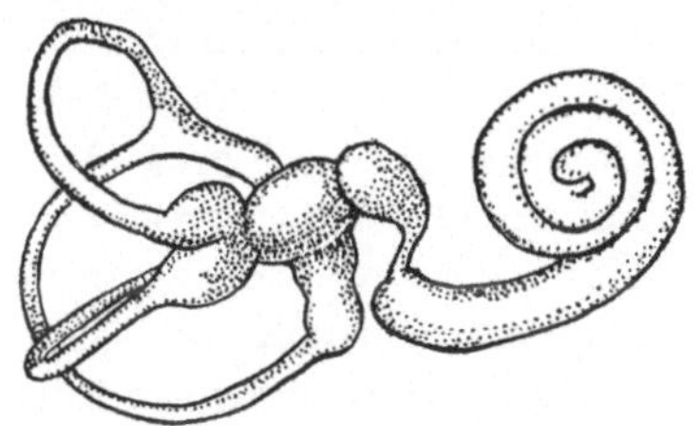

Abb. 91. Rechte Bogengänge und Schnecke, schräg von vorn gesehen, vgl. Abb. 25. Halbschematisch. Vergrößerung 2,5fach

Mit dem Gehörorgan ist unmittelbar das *Gleichgewichtsorgan* verbunden (Abb. 91). Es besteht aus zwei Bläschen, einem kugeligen und einem T-förmigen. Von letzterem gehen drei halbkreisförmige Gänge von knapp einem Zentimeter Durchmesser aus. Diese „Bogengänge“, kaum ein Millimeter dick, stehen in drei aufeinander senkrechten Ebenen. Jeder Bogengang und jedes Bläschen hat eine umschriebene Nervenendstelle. Diese fünf Sinnesstellen sind so angeordnet, daß bei jeder geringsten Bewegung des Kopfes, nach welcher Richtung sie auch geht, ihr Nerv, der mit dem Hörnerven verbundene Gleichgewichtsnerv, in Tätigkeit gesetzt wird. Den Namen trägt das Organ von seiner Bedeutung für das

Gleichgewicht, sein Versagen hat Schwanken und Torkeln beim Gehen, seine ungewohnte Erregung Schwindel zur Folge. Aber Gleichgewicht ist kein außer uns befindliches Etwas, das wir wahrnehmen könnten. Wir können sehen und hören, aber nicht gleichwägen oder gleichgewichten. Und so fehlt es unter den kanonischen Sinnen. Über die Stellung unseres Körpers und der Glieder im Raum zueinander unterrichten uns das Auge und die Spannungen der Muskeln und der Haut. Dem Gleichgewichtsorgan fehlt die Verbindung zum Großhirn, um so innigere hat es zum Kleinhirn, das dadurch zu einem „Zentrum“ für die Erhaltung des labilen Gleichgewichtes bei unseren Bewegungen und Haltungen wird. Stammesgeschichtlich ist das Gleichgewichtsorgan das ältere und das Gehörorgan das jüngere. In der embryonalen Entwicklung entstehen beide aus einer gemeinsamen Anlage und bleiben zeitlebens miteinander verbunden.

Von der Haut

Soll ich von der Haut überhaupt etwas sagen? Sie hat noch nie unsere Neugier erregt. Wir haben sie doch täglich und stündlich um uns und kennen sie gut, ganz anders als Herz und Blinddarm. So wenigstens glauben wir. Und doch erschrecken wir, wenn wir hören, daß ein Mensch in Lebensgefahr schwebt, wenn er Hautverbrennungen größeren Ausmaßes erlitten hat, wir sind uns nicht bewußt, daß sie so lebensnotwendig ist. Sie ist unser Schutzorgan, nicht nur, weil sie unseren Körper einhüllt, auf die richtige Temperatur einstellt und vor Austrocknung schützt, sondern weil sie ständig Warnsignale an Rückenmark und Gehirn schickt, ohne die wir uns dauernd stoßen, schneiden, verbrennen würden, ja ohne welche wir uns nicht bewegen könnten, sondern steif wären wie die Finger, wenn sie in winterlicher Kälte klamm geworden sind. Die Haut hat also eine Reihe von Funktionen. Aber sie sind uns so selbstverständlich, daß wir sie nicht beachten. Wir wundern uns auch gar nicht darüber, daß kundige Hände durch geschickte Massage von ihr aus die Erkrankungen innerer Organe beeinflussen können. Bei manchen Krankheiten ist sie sichtbar beteiligt (Masern, Röteln), manche Menschen bekommen Hauterscheinungen vom Genuß bestimmter Arzneimittel oder auch ganz harmloser Speisen (Erdbeerfriesel). Kurz, die Haut lebt und leidet mit dem Gesamtorganismus.

Die Haut besteht aus der Oberhaut und der Lederhaut. Die *Oberhaut* ist ein vielschichtiges Epithel, dessen oberste verhornte Schichten unmerklich abgerieben und wieder ersetzt werden, nur zwischen den Haaren bleiben sie als „Schuppen“ hängen. Bei starker Beanspruchung bildet es Hornhaut, Schwielen und Hühneraugen. Die Zellen der tiefen Schichten enthalten gelbe bis braune Pigmentkörnchen, deren größere Anhäufung zu der beliebten Bräune und den weniger beliebten Sommersprossen führt. — Die *Lederhaut* ist aus kollagenen Fasern gewebt, ähnlich wie ein Tuch, elastische Fasern sind in großer Zahl eingezogen. In der einen Richtung ist sie leichter und ausgiebiger dehnbar als in der dazu senkrechten. Mit ihrer größten Dehnbarkeit ist sie in die Richtung der stärksten Verschiebung und Spannung bei den Bewegungen eingestellt, z. B. an der Hand in die Längsrichtung von Hand- und Fingerrücken. Daher werden die Bewegungen durch die Haut nicht behindert.

Der ganzen Haut liegt ein einheitlicher Bauplan zugrunde, aber von Ort zu Ort ist Form und Verhalten doch verschieden. Sie ist z. B. verschieden dick, wie man leicht feststellen kann, wenn man an der Innen- und Außenseite des Armes eine Falte aufhebt, am dünnsten ist sie an den Augenlidern. Sie hat eine gewisse Spannung und Fülle, lassen sie nach, sieht der Mensch abgespannt oder verfallen aus. Auch ein matter Glanz gehört zu ihrem normalen Bilde. Im Alter werden Spannung und Glanz geringer, sie wird faltig und stumpf. Im Laufe des Lebens bekommt sie ein Relief, das in der jugendlichen Haut nur als feine *Felderzeichnung* erkennbar ist. Bei allen Bewegungen, kleinen und großen, wird die Haut gedehnt und gestaucht, zarte Furchen treten auf, die rhombische und dreieckige Felder begrenzen, zunächst nur als feine Linien, allmählich als deutliche Furchen, entsprechend der immer wiederkehrenden Beanspruchung. Kein Zweifel, daß die Linien, Furchen und Felder, später die Runzeln und Falten durch die Bewegungen erzeugt werden. Unbewegte Haut ist und bleibt spiegelglatt, wie die Glatze lehrt und die Haut von Fingern, die durch eine Verletzung unbeweglich geworden sind. Einige wenige Furchen sind erblich vorgebildet: die großen Furchen im Handteller (Abb. 22), der

Ausgangspunkt der Handlesekunst. Beim Kinde treten sie rein in Erscheinung, später kommen mehr und mehr Bewegungsfurchen hinzu, so daß sie weniger deutlich hervortreten, niemals aber kommt das gleiche Bild zustande wie in der übrigen Haut. Die Handteller und Fingerbeeren, die Fußsohlen und Zehenbeeren haben ein eigenes Relief ganz für sich. Der *Fingerabdruck* ist sein Abbild. Feine Leisten, etwa einen Millimeter breit, von zarten Rillen begrenzt, ziehen in besonderen Systemen über die Hautoberfläche, in den Fingerbeeren als Bogen, Schleifen, Wirbel. Jeder Mensch hat sein eigenes Muster, das zeitlebens unverändert erhalten bleibt. Eine eigene Wissenschaft, die Daktyloskopie, beschäftigt sich mit den für den polizeilichen Erkennungsdienst wichtigen Einzelheiten.

Die Haut der Handteller und Fußsohlen hat noch eine andere Besonderheit. Sie ist haarlos wie die Pfoten der Hunde und Katzen. Die ganze übrige Haut ist behaart, nur sind die *Haare* nicht überall so dick und so dicht wie auf dem Kopfe, aber vorhanden sind sie überall. Mit einem vollen *Wollhaarkleid* aus feinsten, dünnsten Härchen kommt das Kind zur Welt. An bestimmten Stellen werden von der Pubertät an die Wollhaare durch ständig wachsende Haare ersetzt, Barthaare, Achselhaare, Schamhaare, beim Manne in größerer Ausdehnung als bei der Frau. Die übrigen Haare bleiben zart, bei einzelnen Menschen können jedoch auch sie sehr stark werden. Die Behaarung bleibt das ganze Leben über erhalten, nur die Achselhaare verschwinden einige Zeit nachdem die Keimdrüsen ihre Tätigkeit eingestellt haben. Und das Kopfhaar wird mit den Jahren lichter. Nach durchschnittlich drei bis vier Monaten fällt jedes Kopfhaar aus und wird durch ein neues ersetzt, manche werden fünf bis sechs, ja bei manchen Menschen bis zwölf Jahre alt und wachsen dabei ungefähr einen Zentimeter im Monat, also zwölf Zentimeter im Jahr. Die Schilderung von Pandoras wundervollem Haar schließt Goethe, der große Naturkenner, mit den Worten: „... der Wunderwuchs, der, freigegeben, schlangengleich die Ferse schlug."

Das Haar ist lebendig, in der Jugend nimmt es mit seiner Farbe deutlich am Wechsel der Jahreszeiten teil, auch später verhält es sich nicht jeden Tag gegenüber Kamm und Bürste gleich, für manche Menschen ist es Gradmesser ihres Befindens. Blonde

Haare werden allmählich durch dunklere ersetzt, nur der pigmentlose Albino bleibt zeitlebens weißblond. Weißes Haar ist lufthaltig, wie die Luft hineinkommt, ist ungeklärt.

Jedes Haar steht etwas schräg in der Haut und hat einen kleinen Muskel, der es geradestellen kann. Dabei wird es aufgerichtet und erhebt die Haut zu einem kleinen Buckel. So entsteht die *Gänsehaut*. Nicht nur von Kälte wird sie erzeugt, sondern auch von „haarsträubenden" Geschichten oder Vorgängen. An jedem Haar findet sich eine ausgedehnte Nervenendigung, welche die leiseste Berührung an Gehirn und Rückenmark meldet. Die Schnurrhaare der Katze sind nicht zum Schnurren da, sondern melden ihr, ob ein Spalt breit genug ist, daß sie mit Kopf und Körper hindurchschlüpfen kann. Jedes Haar besitzt eine *Talgdrüse*, ihr Sekret fettet das Haar ein (vgl. Wollfett, Lanolin), vor allem aber auch die Haut selbst, deren Geschmeidigkeit von der Tätigkeit der Talgdrüsen abhängt. Haarlose Haut hat keine Talgdrüsen. Wie die Haut der Handteller trotzdem eingefettet wird, ist nicht ganz klar. Überall in der Haut finden sich *Schweißdrüsen*. Sie sind nicht an Haare gebunden wie die Talgdrüsen und sind auch in der haarlosen Haut zahlreich vorhanden. Dort kann man ihre äußeren Öffnungen auf den Leisten der Fingerbeeren als feine Pünktchen sehen, wenn Schweißtröpfchen hervortreten. Hautdrüsen sind auch die *Milchdrüsen*, die zu je 15 bis 20 in jeder weiblichen Brust enthalten sind. Im Ruhezustand sind nur die Ausführgänge vorhanden, die milchgebenden Teile werden erst während der Schwangerschaft entwickelt und nach Beendigung des Stillens wieder abgebaut, so daß sie bei der nächsten Schwangerschaft erst neu gebildet werden müssen.

Die *Blutgefäße der Haut* weichen in ihrer Anordnung von allen anderen Gefäßgebieten ab, die Haut hat keine Kapillarnetze. Dafür ist in der dünnen Schicht zwischen Oberhaut und Lederhaut ein dichtes Netz dünnwandiger Venen ausgebreitet. Erröten und Erblassen beruhen auf seinen verschiedenen Füllungszuständen. Seine Hauptaufgabe ist die Regelung der Körpertemperatur. Das Blut in ihm heizt die Oberhaut über die Außentemperatur an, so daß Wärme nach außen abgegeben und das Blut abgekühlt wird. Durch Verdunsten von Schweiß wird die Abkühlung noch erhöht. Tiere, die keine Schweißdrüsen haben, wie die Hunde, verdunsten durch hechelndes Atmen Wasser auf der Schleimhaut von Mundhöhle und Rachen. Für den Menschen ist die Haut als Kühler für das Blut und Regulator der Körpertemperatur ein unersetzliches lebenswichtiges Organ, denn die Zellen unseres Körpers sind auf eine bestimmte Temperatur eingestellt, die innerhalb enger Grenzen unbedingt eingehalten werden muß.

Ihre Empfindlichkeit verdankt die Haut ihrem Reichtum an Nerven. Deren Enden in der Haut sind zu mannigfachen Formen ausgestaltet, zu Schlingen, Knäueln und zu besonderen Endkörperchen. Jedes zum Rückenmark hinführende Neuron beginnt mit solchen Nervenendigungen. Bei ihrer großen Flächenausbreitung von fast zwei Quadratmetern ist die Haut unser weitaus größtes Sinnesorgan. Die Zahl der Nervenendapparate ist von Ort zu Ort verschieden, was mit der täglichen Erfahrung der verschiedenen örtlichen Empfindlichkeit übereinstimmt.

Mit ihrer Unterlage, den Muskeln bzw. ihrer Faszie ist die Haut durch die *Unterhaut* verbunden, eine Verschiebeschicht aus lockerem Bindegewebe mit eingelagerten Fettzellen. Nur an wenigen Stellen ist sie unverschieblich, so daß man keine Falte aufheben kann, z. B. an den Nasenflügeln, an den Ohrmuscheln, im Handteller, längs der Leistenbeuge. Hier ist sie überall durch straffe Bindegewebszüge festgeheftet. Deshalb kann bei Fettansatz kein Fett eingelagert werden. Man kann dicke Backen bekommen, aber keine dicken Ohren, dicke Handrücken, aber nicht Handteller. Und die Leistenbeuge wird bei Fettansatz tiefer statt ausgeglichen zu werden. Der Säugling hat am ganzen Körper eine ungefähr gleich dicke Fettschicht, beim Erwachsenen ist die Verteilung sehr verschieden. Die Haut der Augenlider ist fettlos, ausgesprochene Fettanhäufungen finden sich an der Grenze von Nacken und Rükken, in der Bauchhaut, im oberen und hinteren Teil der Gesäßgegend (Abb. 15). Für das weibliche Geschlecht ist eine gewisse Menge Fettgewebe unter der Haut am ganzen Körper typisch, es bedingt die weichen Formen.

In das lockere Gewebe der Unterhaut *(Subkutis)* können aus krankhaften Anlässen große Mengen Flüssigkeit ausgeschieden werden, am häufigsten an Knöcheln und Unterschenkeln. Die Haut des Gesichtes kann, etwa nach einem Insektenstich, so stark schwellen, daß sie das Auge völlig zudeckt und die betroffene Gesichtshälfte zu einem unförmigen Klumpen macht. Durch die Subkutis zieht ein lebhafter Strom von Gewebsflüssigkeit. Das macht sich der Arzt zunutze, wenn er ein Arzneimittel unter die Haut spritzt.

Eine Sonderstellung nimmt die Haut des Gesichtes ein, und zwar nicht bloß wegen der Augenbrauen und des Bartes. Unmittelbar unter ihr breitet sich eine Lage vielgestaltiger flacher Muskeln aus, die von Schädelknochen entspringen und in die Haut eintreten. Ihre Wirkung ist vom Mienenspiel her bekannt und rechtfertigt den Namen „*mimische Muskulatur*“, obwohl sie weit mehr noch der ursprünglichen Aufgabe dient, die sie bei den Säugetieren hat. Ihr Hauptanteil ist um die Mundöffnung gruppiert (Abb. 44) mit einem Ringmuskel in den Lippen und den radiär in sie einstrahlenden Gegenwirkern. Er ist unentbehrlich beim Fassen und Halten der Bissen. Auch der Wangenmuskel gehört zu ihr. Ein Kreismuskel um die Lidspalte schließt die Augen, ein Muskel an der Stirn kann die Haut in quere Falten legen. Er ist mit seinem Gegenwirker am Hinterhaupt über den Scheitel hinweg durch eine dünne Sehnenplatte verbunden, die mit der Haut fest vereinigt, aber gegen den Schädel dank einer lockeren Verschiebeschicht leicht beweglich ist, — die anatomische Grundlage des Skalpierens. Mit dieser mimischen Muskulatur schreibt die Psyche im Laufe des Lebens ihre Erlebnisse und Gedanken als Furchen und Falten in die Haut des Gesichtes ein.

Nachwort

In der vorstehenden Darstellung ist das spezifisch Menschliche im Körperbau kaum zum Ausdruck gekommen: der Gang auf zwei Beinen, der aufrechte Gang. Durch ihn ist das ganze Getriebe des Körpers umgeformt worden, alle besonderen menschlichen Merkmale stehen damit in Zusammenhang, die vier Biegungen der Wirbelsäule, der runde Schädel, die langen Beine, das Fußgewölbe, die freibewegliche Hand, das mächtige Großhirn und alles andere Physische und Psychische, wie es sich zur Einheit Mensch zusammenfügt. Die Befreiung der Arme und Hände von der Stützung und Fortbewegung des Körpers hat zu Handfertigkeit und Denkvermögen geführt, zum Homo faber und Homo sapiens, zum kulturschaffenden Menschen. Man kann sich darüber Gedanken machen, wie dieses harmonische Ganze von Bau und Funktionen in der Stammesgeschichte hat zustande kommen können. Die Schöpfungsmythen der Völker und mancher Streit der Gelehrten geben davon Zeugnis. Der Materialist glaubt, das Problem mit chemischen und physikalischen Formeln lösen zu können, der Bescheidenere begnügt sich damit, das kunstvolle Getriebe zu bewundern und „das Unerforschliche ruhig zu verehren“.

Sachverzeichnis